Beiträge zur Berechnung der Zugkraft von Elektromagneten.

Dissertation

zur

Erlangung der Würde eines Doktor-Ingenieurs

der

Königl. Technischen Hochschule zu Breslau

vorgelegt am 18. Oktober 1912

von

Dipl.-Ing. **Paul Kalisch**
aus Berlin.

Genehmigt am 11. Dezember 1912.

Referent: Prof. Dr.-Ing. Gg. Hilpert.
Korreferent: Dr.-Ing. K. Euler.

1913
Springer-Verlag Berlin Heidelberg GmbH

ISBN 978-3-662-24484-5   ISBN 978-3-662-26628-1 (eBook)
DOI 10.1007/978-3-662-26628-1

Die vorliegende Arbeit ist im Elektrotechnischen Institut der Kgl. Technischen Hochschule zu Breslau entstanden in der Zeit, als ich dort als Assistent tätig war. Die Anregung zu der Arbeit verdanke ich Herrn Prof. Dr.-Ing. Gg. Hilpert, der mir auch die reichen Mittel des Instituts und die erforderliche Zeit zur Verfügung stellte, und mir stets mit Hilfe und Rat zur Seite stand, so daß ich ihm zu größtem Danke verpflichtet bin.

Ebenso hat mir Herr Dr.-Ing. Euler, Dozent an der Kgl. Technischen Hochschule Breslau, jederzeit und unermüdlich geholfen und mich über viele Schwierigkeiten hinweggebracht, wofür ich ihm meinen herzlichsten Dank ausspreche.

Ganz besonderen Dank schulde ich Herrn Prof. Fritz Emde-Stuttgart. Durch ihn, durch seine mündlichen und schriftlichen Mitteilungen, in denen er bereitwillig auf jede meiner Fragen einging, ist es mir möglich geworden, in die Theorie der magnetischen Erscheinungen und der mechanischen Kräfte magnetischen Ursprungs so weit einzudringen, wie dies in der vorliegenden Arbeit geschehen ist. Einen großen Teil der Ableitungen des Abschnittes V verdanke ich der Güte des Herrn Prof. Emde, der mir die freundliche Erlaubnis gegeben hat, von allen seinen Mitteilungen in meiner Arbeit Gebrauch zu machen

Inhalt.

Beiträge zur Berechnung der Zugkraft von Elektromagneten.

I. Einleitung.

Die Berechnung der in der Starkstromtechnik viel verwendeten Elektromagneten, die bei großem Hube große Zugkräfte entwickeln sollen, begegnet erheblichen Schwierigkeiten. Die neueren auf diesem Gebiete erschienenen Arbeiten bewegen sich in zwei Richtungen. Der eine Teil, mehr theoretisch, berechnet auf Grund von vereinfachenden Annahmen die Zugkraft verschiedener Magnetformen unter verschiedenen Bedingungen[1]. Versucht man, die so ermittelten Zugkraftformeln auf praktische Fälle anzuwenden, so versagen sie fast immer. — Auch in den anderen mehr praktischen Arbeiten findet man nicht, daß etwa ein Elektromagnet für eine bestimmte Zugkraft berechnet oder konstruiert wird, sondern die Verfasser benutzen die Versuchsresultate von vorhandenen Magneten und leiten daran ihre weiteren Schlußfolgerungen (über geringste Kosten, leichteste Bauart, größte Zugkraft usw.) ab[2].

Diese geringe Übereinstimmung zwischen Theorie und Praxis erscheint umso merkwürdiger, wenn man sich vergegenwärtigt, daß Dynamomaschinen, Motoren und Transformatoren bis auf wenige Prozent genau vorausberechnet werden können, daß ferner die Formen der gebräuchlichen Zugmagneten geometrisch sehr einfach sind, viel einfacher als die der meisten Maschinen.

Zwei Gründe lassen sich als Erklärung anführen.

Der eine liegt in dem Verlaufe des magnetischen Kraftflusses, in der Gestaltung des magnetischen Kreises. Dieser besteht bei den Maschinen usw. im wesentlichen aus Eisen, das nur an wenigen Stellen durch möglichst enge Luftspalte unterbrochen wird. Man macht also nur geringe Fehler, wenn man annimmt, daß in diesen Luftspalten die Kraftlinien geradlinig und auf dem kürzesten Wege von Eisen zu Eisen übergehen, aus der Eisenoberfläche senkrecht austreten und im Luftspalte sich nur wenig seitlich ausbreiten. Die Streuung ist gering im Vergleich zum Hauptkraftflusse[3], so daß selbst große Fehler bei der Annahme der Streuung nur geringen Einfluß auf das Resultat haben.

Anders bei den Zugmagneten: in vielen Fällen ist gerade der Wert der Zugkraft bei größtem Hube, d. h. größtem Luftspalte von Wichtigkeit. Der Luftweg im magnetischen

---

[1] Hierher gehören die folgenden Arbeiten:

Emde, Zur Berechnung der Elektromagnete, E. u. M. 1906, S. 945.

Emde, Die mechanischen Kräfte magnetischen Ursprungs, EKB, 1910, S. 550.

Emde, Über die Beziehung der mechanischen Arbeit von Elektromagneten zu ihrer Energie bei veränderlicher Permeabilität, ETZ 1908, S. 817.

Emde, Besprechung des Buches von Euler „Untersuchung eines Zugmagneten", ETZ 1911, S. 1269.

Jasse, Über Elektromagnete I, E. u. M. 1910, H. 40.

Liska, Zur Berechnung von Wechselstrom-Hubmagneten, ETZ 1910, S. 385.

Nur Liska prüft seine Ableitungen durch den Versuch und erhält Abweichungen bis 40 %. Leider fehlen Angaben darüber, wie die Zugkraft des Wechselstrommagneten gemessen worden ist, und gerade diese Messung macht große Schwierigkeiten.

[2] Vgl. dazu Wikander, Proc. Am. Inst. El. Ing. 1911, S. 1064: „If, therefore, we take a magnet of any size and determine by test the relation ...."; ferner: Pfiffner ETZ 1912, S. 29, benutzt für die Ableitungen nur eine ganz bestimmte Serie vorhandener Magneten, deren Tragkraft, Streukoeffizient usw. aus Versuchen bekannt sind, und betont selbst mehrfach, daß seine Resultate nur für Magneten eben dieser Form Gültigkeit haben.

[3] Als „Hauptkraftfluß" wird in dieser Arbeit stets der Teil des magnetischen Flusses bezeichnet, der die Luft nur im Luftspalte durchsetzt, also von Polfläche zu Polfläche übertritt, im übrigen aber ausschließlich innerhalb des Eisens verläuft. Alle anderen Teile des magnetischen Flusses werden als „Streufluß" bezeichnet.

Kreise ist dann groß im Verhältnisse zum Eisenweg, der Streufluß kann größer werden als der Hauptkraftfluß. Geradlinigen Übergang der Kraftlinien zwischen den Eisenflächen darf man auch nicht mehr zugrunde legen, besonders wenn diese Eisenflächen nicht senkrecht zur Richtung des Hauptkraftflusses im Eisen stehen[1]). Dadurch kommt eine große Unsicherheit in die Rechnung.

Ferner besteht noch eine gewisse Unsicherheit in der Berechnung der mechanischen Kräfte magnetischen Ursprungs, und dies ist der zweite Grund für die mangelnde Übereinstimmung zwischen Theorie und Praxis. Die fast allgemein angewandte Formel für die magnetische Zugkraft, die sogenannte „Maxwellsche Tragkraftformel"

$$Z = \frac{\mathfrak{B}^2\,F}{8\,\pi}\,\text{Dynen}$$

gibt in den meisten praktischen Fällen falsche Resultate, selbst wenn der Wert $\mathfrak{B}$ (d. i. die Induktion auf der Polfläche) genau bekannt ist[2]). Erst die Arbeiten von Cohn, Emde, Jasse[3]), die die Zugkraft aus der Veränderung der magnetischen Energie ableiten, haben hier einige Klarheit geschaffen.

Das Ziel, dem alle Arbeiten auf diesem Gebiete zustreben, ist gegeben. Es soll möglich sein, aus der Konstruktionszeichnung und den Wicklungsangaben eines Elektromagneten beliebiger Form die Zugkraft für jede Stellung des Ankers bei jeder Stromstärke zu berechnen. Mit Hilfe der Theorie allein hat man dieses Ziel bisher nicht erreicht, besonders aus dem ersten der oben angeführten Gründe. Man arbeitet auch hier, wie stets, mit Vereinfachungen, und die dadurch entstehenden Fehler sind dann durch Erfahrungs-Koeffizienten auszugleichen. Nur durch Versuche kann man also vorläufig dem Ziele näher kommen, die sich entsprechend obigen Ausführungen auf zweierlei erstrecken müssen:

1. Messung des Kraftlinienverlaufs, der Streuung und der Induktion auf der Polfläche,
2. Messung der Zugkraft bei bekanntem Kraftlinienverlaufe bzw. bekannter Induktion auf der Polfläche.

In der vorliegenden Arbeit werden Versuche beschrieben, die an einer bestimmten Magnetform gemacht wurden in der Absicht, Beiträge zur Vorausberechnung von Elektromagneten zu liefern. Die Versuchsresultate wurden mit der Theorie verglichen und aus diesem Vergleich Schlüsse gezogen über die Anwendbarkeit der „Maxwellschen Zugkraftformel"

II. Versuchsanordnung und Meßmethoden.

1. Begründung der gewählten Versuchsanordnung.

Als Ausgangspunkt für die Versuche diente die Formel

$$Z = \frac{\mathfrak{B}^2\,F}{8\,\pi}\,\text{Dynen},$$

die als „Maxwellsche Zugkraftformel" in der gesamten Literatur bekannt ist. In den Jahren 1880—1895 sind eine große Reihe experimenteller Untersuchungen angestellt und veröffentlicht worden, um die Richtigkeit dieser Formel nachzuweisen[4]). Alle diese Untersuchungen hatten mit den verschiedensten Schwierigkeiten mechanischer und magnetischer Natur zu kämpfen und gelangten nicht zu einwandfreien Resultaten. Schon hieraus kann man schließen, daß die Formel nur in engen Grenzen richtig ist, worauf weiter unten (Abschnitt V) näher eingegangen werden soll. In den beiden bekanntesten Werken

---

[1]) Vgl. Euler, Untersuchung eines Zugmagneten für Gleichstrom, Springer, Berlin 1911, Fig. 34—41.

[2]) Vgl. unten S. 32—33.

[3]) Cohn, Das elektromagnetische Feld, Leipzig 1900; Emde und Jasse, a. a. O.

[4]) Die gesamte Literatur über „Tragkraft von Magneten" ist zusammengestellt bei Winkelmann, Handbuch der Physik, 2. Auflage. Bd. V, Leipzig 1908, S. 225 u. 324. Vgl. ferner du Bois, Magnetische Kreise, Berlin 1894, S. 166 ff.

über Magnetismus, die damals entstanden: „Der Elektromagnet" von S. P Thompson[1]) und „Magnetische Kreise" von H. du Bois wird die „Maxwellsche Tragkraftformel" als theoretisch und praktisch bewiesen zugrunde gelegt[2]), und beide Autoren konstruierten Apparate zur Bestimmung von $\mathfrak{B}$, mit denen die Zugkraft gemessen werden konnte, worauf dann $\mathfrak{B}$ nach obiger Formel errechnet wurde; es entstanden das „Permeameter" von Silv. Thompson[3]) und die bekannte du Boissche Wage[4]). Im Jahre 1895/96 gelang es dann Taylor Jones, unter Anwendung großer Vorsicht mit Hilfe des ebenfalls von du Bois konstruierten „Ringmagneten zur Erzeugung größter Induktionen" gute Übereinstimmung zwischen Versuch und Rechnung zu erzielen und somit auch experimentell die „Richtigkeit der Maxwellschen Formel" nachzuweisen[5]). Seitdem wird diese Formel fast überall angewendet, wo es sich in der Technik um Berechnung der Zugkraft von Magneten handelt, ganz gleich, welche Form diese Magneten haben, ob es sich um große oder kleine, offene oder geschlossene, Zug- oder Tragmagneten für Gleich- oder Wechselstrom handelt[6]). Dabei ist man sich oft nicht bewußt, unter welchen Voraussetzungen die Formel abgeleitet wurde, und daß der experimentelle Nachweis ihrer Richtigkeit nur in wenigen Sonderfällen geglückt ist.

Die Folge davon ist, daß für den Praktiker, den Konstrukteur, die Formel „nicht stimmt".

An diesem Punkte setzen die vorliegenden Versuche ein. Es wurde an einem Magneten, wie ihn die Praxis verwendet, der aber dabei möglichst einfache geometrische Formen hat[7]), untersucht, wie weit man die „Maxwellsche Formel" anwenden kann. Dabei wurden die verschiedenen Faktoren, die hier in Betracht kommen, wie Hub (Luftspalt), Stromstärke, Induktion, Winkel der Polfläche, geändert und festgestellt, welchen Einfluß jeder dieser Faktoren auf den Unterschied zwischen wirklich gemessener und aus der „Maxwellschen Formel" berechneter Zugkraft hat.

Angeknüpft wurde an die Versuche von Euler[8]). Bei diesen Versuchen wurde ein Brems-Magnet, der für Bahnzwecke bestimmt war, verwendet, und es ergab sich, daß die Abweichungen zwischen der gemessenen und der nach der „Maxwellschen Formel" berechneten Zugkraft umso größer waren, je kleiner der Hub und je größer die Stromstärke gewählt wurden. Gleichzeitig stellte sich heraus, daß die Form des an sich einfachen Magneten noch viel zu kompliziert war, als daß der Einfluß der einzelnen Faktoren herausgeschält werden konnte[9]). — Damit ist die Wahl eines Zug-Elektromagneten, dessen Magnetisierungsspule einen Kern in sich hineinzieht, für die vorliegenden Versuche begründet, umsomehr als die Starkstromtechnik diese Magneten in ausgedehntem Maße verwendet[10]).

Da die Bremsmagneten meist mit konischen Polflächen ausgeführt werden[11]), und da der Winkel des Konus von großem Einflusse auf die Zugkraft ist[12]), so wurde der Versuchsmagnet mit auswechselbaren Kernen und Jochstücken versehen, deren Polflächen verschiedene Winkel zur Zugrichtung bilden.

---

[1]) S. P. Thompson, Der Elektromagnet, Halle 1894.

[2]) Thompson, S. 105; du Bois, S. 172.

[3]) S. Thompson, Dynamo-electric machinery, London 1892, S. 138.

[4]) du Bois, a. a. O. S 366 ff.

[5]) Bericht darüber in ETZ. 95, S. 411; Wied. Ann. 95, S. 641; ETZ. 96, S. 154; Wied. Ann. 96, S. 258.

[6]) Vgl. Liska, ETZ. 1910, S. 985. Wikander, Proc. Am. Inst. El. Ing. 1911, S. 1045. Pfiffner, ETZ. 1912, S. 29. Benecke, ETZ. 1901, S. 542. Vogelsang, ETZ. 1901, S. 175.

[7]) Nach dem Vorschlage von Euler, a. a. O., S. 80, Anm. 1.

[8]) a. a. O.

[9]) a. a. O., S. 73 ff.

[10]) Als Bremsmagneten bei Bahnen und Kranen; mit Wechselstrom: für Schützensteuerung der Wechselstrombahnen usw.

[11]) Vgl. z. B. Euler, a. a. O., Fig. 5.

[12]) Benecke, Über den Einfluß der Polform von Magneten auf die Zugkraft derselben, ETZ. 1901, S. 542.

Als weiterer Gesichtspunkt für die Konstruktion kam in Betracht, daß die „Maxwell-sche Formel" gleichmäßige Verteilung der Induktion über die Oberfläche voraussetzt. Da die wahre Zugkraft fast stets größer als die errechnete festgestellt worden ist, so lag der Gedanke nahe, daß die ungleichmäßige Verteilung der Induktion auf der Polfläche zum Teil an dieser Zugkraftvermehrung schuld sei. Allgemeiner, auch für ungleichmäßig verteilte Induktion gültig, lautet nämlich die Formel:

$$Z = \frac{1}{8\,\pi} \int_0^F \mathfrak{B}^2 \, dF$$

Ist ein bestimmter Gesamt-Kraftfluß

$$\Phi = \int_0^F \mathfrak{B} \, dF$$

gemessen, so ist nach bekanntem mathematischen Satze $\int_0^F \mathfrak{B}^2 \, dF$ ein Minimum für $\mathfrak{B}$ = const. Jede ungleichmäßige Verteilung von $\mathfrak{B}$ veranlaßt also eine größere Zugkraft, als sie aus $\dfrac{\mathfrak{B}^2\,F}{8\,\pi}$ errechnet wird. Die Polflächen des Magneten wurden deshalb in mög-lichst viele kleine Stücke geteilt und die Induktion auf den Teilflächen gemessen.

2. Messung des Kraftflusses mit ballistischem Galvanometer.

Zwischen den verschiedenen Methoden, die für die Messung des Kraftflusses in Betracht kommen, mußte eine Entscheidung getroffen werden. Die direkte Messung mittels Wismut-Spirale war bei der gewählten Bauart des Magneten nicht anwendbar, da der Luftspalt, in dem der Kraftfluß zu bestimmen war, von außen unzugänglich ist. Ferner sind die Angaben der Wismut-Spirale in hohem Maße von der Temperatur abhängig, die deshalb stets hätte kontrolliert werden müssen.

Also blieb nur die indirekte Messung übrig, d. h. die Messung der bei einer Änderung des Kraftflusses erzeugten EMK in einer von diesem Kraftflusse durchsetzten Prüfspule. Die nötigen Prüfspulen ließen sich überall am Versuchsmagneten leicht anbringen, insbesondere konnten die Polflächen, auf denen die Verteilung des Kraftflusses zu messen war, mit kleinen, dicht nebeneinander angeordneten Spulen besetzt werden, deren Größe und Lage genau ausgemessen war (vgl. unten S. 15 ff.).

Es lag am nächsten, für die Kraftflußmessungen das ballistische Galvanometer zu benutzen. Die Anwendung des ballistischen Galvanometers beruht bekanntlich auf der Tatsache, daß der erste Ausschlag α_e des Instrumentes proportional ist der hindurch-geschickten Elektrizitätsmenge:

$$Q = \int i \, dt = C \cdot \alpha_e \text{ Coulomb.}$$

Anderseits entsteht in einer Spule von n_2 Windungen, wenn der sie durchsetzende Kraftfluß sich um $d\Phi$ ändert, die EMK.

$$e = -\,n_2 \frac{d\Phi}{dt}$$

daraus folgt:

$$\int e \, dt = -\,n_2 \,(\Phi_2 - \Phi_1) = w_g \cdot \int i \, dt$$

wenn w_g der bekannte Widerstand des ballistischen Stromkreises ist.

$$-\,n_2 \,(\Phi_2 - \Phi_1) = w_g \cdot C \cdot \alpha_e$$

$$\Phi_1 - \Phi_2 = \frac{w_g}{n_2} \cdot C \cdot \alpha_e.$$

Macht man jetzt Φ_1 oder Φ_2 gleich o, d. h. schaltet man den Magnetisierungsstrom des Elektromagneten plötzlich ein oder aus, so daß der ganze Kraftfluß, der zur betreffenden Stromstärke gehört, plötzlich entsteht bzw. verschwindet, so ist α_e direkt das Maß für den gesuchten Kraftfluß. Voraussetzung für die Richtigkeit der ersten Gleichung ist aber, daß die Zeitdauer des Stromstoßes, d. h. hier die Zeit des Entstehens bzw. Verschwindens von Φ „kurz" ist gegen die Schwingungsdauer des Instrumentes.

Benutzt wurde ein ballistisches Spiegelgalvanometer (Deprez-Instrument) von Siemens und Halske mit 50 Ohm Instrumenten-Widerstand, in Verbindung mit einem Ayrton-Volckmannschen Nebenschluß zur Veränderung der Empfindlichkeit. Der magnetische Nebenschluß des Instrumentes wurde so einreguliert, daß bei $w_g = 100$ Ohm Gesamtwiderstand im ballistischen Stromkreise das System gerade im aperiodischen Grenzzustande schwang[1]). Für diese Einstellung, die für sämtliche Messungen beibehalten wurde, wurde die ballistische Konstante C bestimmt, und zwar mit Hilfe einer von Siemens & Halske bezogenen „Normalen der gegenseitigen Induktion" von 0,01 Henry[2]).

Zahlentafel 1.

Bestimmung der ballistischen Konstante des Galvanometers.

$$C = \frac{2\,M\,J}{w_g \cdot \alpha_e}\ \text{Coul.}$$

$M = 0{,}01$ Henry $\qquad\qquad w_g = 100$ Ohm

Ablesung o	J, Amp $I^0 = 2 \cdot 10-3$	α_e links	α_e rechts	Mittel	Ausschlag-Korrekt.[3])	α_e korrigiert	C
14,77	0,02954	41,2 / 41,2	40,7 / 40,6	40,9	o	40,9	$14{,}44 \cdot 10^{-8}$
34,1	0,0682	94,9 / 95,1	94,2 / 94,2	94,6	— 0,1	94,5	$14{,}43 \cdot 10^{-8}$
71,0	0,1420	200,3 / 200,3	196,2 / 196,1	198,2	— 1,2	197,0	$14{,}42 \cdot 10^{-8}$
83,0	0,1660	234,8 / 234,8	229,2 / 229,2	232,0	— 2,1	229,9	$14{,}44 \cdot 10^{-8}$
143,9	0,2878	5 × 81,2 / 81,1	78,6 / 78,6	399,4	o	399,4	$14{,}41 \cdot 10^{-8}$

$C = 14{,}43 \cdot 10^{-8}$ Coulomb

Bei einem Abstande $A = 1500$ mm der Skala vom Galvanometer ergab sich C als Mittelwert aus mehrfach wiederholten sehr gut übereinstimmenden Messungen zu $C = 14{,}43 \cdot 10^{-8}$ (vgl. Zahlen-Tafel I)[4]). Die Schwingungsdauer T_0 des ungedämpften Systems betrug 28,5 sec, im aperiodischen Grenzfalle betrug die Ausschlagszeit 10 sec, die Rückkehrzeit 70 sec.

Es war nun festzustellen, wie groß der Einfluß der Zeitdauer des Stromstoßes auf den ersten Ausschlag des Galvanometers ist, d. h. wie groß der Fehler des Instrumentes wird, wenn die Zeit des Stromstoßes nicht mehr zu vernachlässigen ist. Diesselhorst sagt darüber:

---

[1]) Nach Diesselhorst (Über ballistische Galvanometer mit beweglichen Spulen. Ann. d. Phys. 1902, Bd. 9, S. 458 u. 712) ist im aperiodischen Grenzfalle die Empfindlichkeit ein Maximum ferner ist die Zeit bis zum Stillstande auf dem Nullpunkt ein Minimum.

[2]) Über diese Methode: Brion, Leitfaden zum elektrotechnischen Praktikum, Leipzig 1910, Seite 94.

[3]) Vgl. S. 23, Anm. 2.

[4]) 5 Monate nach den ersten Messungen wurde noch eine Reihe weiterer Versuche gemacht; die Neu-Eichung des Galvanometers ergab dann $14{,}60 \cdot 10^{-8}$. Diese Abweichung von 1,2 % erklärt sich aus einer geringen Veränderung des Abstandes A.

„Wenn die Elektrizitätsmenge eine kleine Zeit τ braucht, um ganz oder bis auf einen nicht mehr in Betracht kommenden Bruchteil abzulaufen, so ist das Verhältnis des ballistischen Galvanometerausschlages zu dem bei momentanem Durchgange der gleichen Elektrizitätsmenge erfolgenden Ausschlage gleich:

$$1 - c \left(\frac{\tau}{T_0}\right)^2$$

c hängt nur von der Stromform ab; ..... und zwar liegt c: wenn der Strom die Richtung nicht wechselt, zwischen

$$0 \quad \text{und} \quad \frac{\pi^2}{8}$$

wenn die Stromform auch kein Minimum hat, zwischen

$$0 \quad \text{und} \quad \frac{\pi^2}{24} \, ."$$

Die letztere Bedingung trifft in unserem Falle zu, also ist der größte mögliche Fehler:

$$p = c \cdot \frac{\tau^2}{T_0^2} = \frac{\pi^2}{24} \cdot \frac{\tau^2}{28{,}5^2} = 0{,}00051 \, \tau^2$$

Welche Größe nimmt nun der Wert τ beim Versuchsmagneten an? Da die beim plötzlichen Ausschalten auftretende hohe Selbstinduktionsspannung leicht zu einer Zerstörung der Wicklung führen konnte, wurden fast alle Messungen beim Einschalten des Stromes gemacht. Infolge der Selbstinduktion nimmt der Strom nicht momentan seinen vollen Wert an, sondern wächst allmählich an. Nach Arnold, Wechselstromtechnik I, 2. Aufl., S. 614, ist

$$T_1 = \frac{L}{r} \ln 100 = 4{,}6 \, \frac{L}{r}$$

diejenige Zeit, zu welcher der nach der Exponentialfunktion $e^{-\frac{r}{L} t}$ anwachsende Strom bis auf 1 % an den stationären Strom herangekommen ist. Dabei ist der Selbstinduktionskoeffizient L des Stromkreises als konstant vorausgesetzt. Nun ist L aber, besonders bei hohen Sättigungen des Eisenkerns einer Spule, mit dem Strome stark veränderlich[1]. Wenn man ansetzt:

$$L = \frac{\Psi}{i} \text{ Henry} \qquad r = \frac{220}{i} \text{ Ohm}$$

(da mit konstanter Spannung von 220 Volt gearbeitet wurde), so erhält man für den kleinsten Luftspalt von 5,5 mm, bei dem natürlich L am größten ist, aus den späteren Messungen (S. 42, Zahlentafel 15) folgende Werte:

i	Ψ	L	r
5 Amp.	$7{,}80 \cdot 10^8$ [c g s]	1,56 Henry	44 Ohm
30 ,,	$10{,}62 \cdot 10^8$,,	0,35 ,,	7,3 ,,
70 ,,	$12{,}32 \cdot 10^8$,,	0,18 ,,	3,1 ,,

Da bei 5 Amp. die größte vorkommende Induktion erst 11000 beträgt, kann L = 1,6 H als Maximalwert angenommen werden; den Mittelwert von L kann man aus den genannten drei Werten graphisch zu etwa 0,48 ermitteln. Für 70 Amp. wird T_1 am ungünstigsten, und zwar ergibt sich:

$$T_1 = 4{,}6 \cdot \frac{0{,}48}{3{,}1} = 0{,}71 \text{ sek.}$$

in allen andern Fällen wird T_1 kleiner. Setzt man jetzt $T_1 = \tau$, d. h. vernachlässigt man

---

[1] Vgl. Hilpert: Einfache graphische Ermittelung von Massenwirkungen der Elektrotechnik nach Analogie mit solchen in der Mechanik. Dissert. München 1905 und E.K B. 1906, S. 41 ff.

das an der vollen Stromstärke noch fehlende Prozent, so wird der durch die Zeitdauer des Stromstoßes verursachte Fehler des ballistischen Galvanometers:

$$p < 0{,}00051 \cdot 0{,}71^2 = 0{,}00026 < 0{,}03\ \%$$

eine Größe, die vollständig vernachlässigt werden konnte.

Zur Kontrolle wurden einige Vergleichsmessungen auch beim plötzlichen Ausschalten des Stromes vorgenommen; Unterschiede, größer als die normalen Meßfehler, konnten nicht ermittelt werden.

Daraus kann man schließen, daß zusätzliche Verzögerungen des Stromanstieges durch Wirbelstrombildung nicht vorhanden waren; die sorgfältige Unterteilung des Eisens erwies sich als ausreichend.

3. Messung der Zugkraft mit Federwage.

Die Zugkraft eines Magneten wird meist so gemessen, daß man bei bestimmtem Strome und Luftspalte so lange Gewichte an den Anker hängt, bis dieser abfällt. Aus zwe Gründen muß diese Messung fehlerhaft sein: die angehängten Gewichte müssen die fast stets vorhandene Reibung der Ruhe überwinden, deren Wirkung sich zur Zugkraft addiert, und, was wesentlicher ist, im Augenblick des Abreißens herrscht ein labiler Gleichgewichtszustand[1]). Wenn nämlich der mit Gewichten beschwerte Kern abreißt, so fällt er sofort ganz herunter, da die Last konstant bleibt, die Zugkraft aber mit der Entfernung abnimmt. Das Eintreten des labilen Gleichgew chtszustandes hängt aber sehr von äußeren Zufälligkeiten ab. Man kann z. B. die Reibung der Ruhe unschädlich machen, indem man den ganzen Magneten erschüttert. Dabei bekommt aber auch der Kern Stöße, von denen eine Komponente in die Abreißrichtung fallen kann. Dann fällt der Kern ab und kehrt nicht wieder in seine frühere Lage zurück, trotzdem die Zugkraft noch ausgere cht hätte, ihn bei dem eingestellten Luftspalte festzuhalten[2]).

Anders, wenn man zur Messung eine Federwage benutzt, bei der die Änderung der Zugkraft mit dem Wege erheblich größer als beim Zugmagneten ist. Ist dann irgende.ne Ruhelage einmal hergestellt, d. h. zeigt der Zeiger eine beliebige Zugkraft des Magneten an, so herrscht auch stabiles Gleichgewicht; denn bei jeder Schwingung aus der Ruhelage heraus ändert sich die Zugkraft der Federwage in gleichem Sinne wie die des Magneten, und zwar so viel stärker, daß kein Gleichgewicht außerhalb der Lage zustande kommen kann, in der beide Zugkräfte gleich sind.

Für die Versuche wurden zwei Federwagen (Dynamometer) von Schäffer und Budenberg benutzt; die Skalen der beiden Wagen reichten bis 150 bzw. 700 kg. Beide Wagen wurden durch Anhängen von geeichten Gewichten geprüft und zeigten keine Fehler.

III. Versuchs-Einrichtungen.

1. Der Versuchsmagnet.

Außer den schon oben (S. 7 und 8) gegebenen Gesichtspunkten war beim Entwurf des Versuchsmagneten Folgendes zu berücksichtigen:

Um die Messungen gegebenenfalls auch mit Wechselstrom vornehmen zu können war zur Vermeidung von Wirbelstromverlusten der Magnet aus geblättertem Eisen herzustellen.

Möglichst hohe Sättigung war anzustreben, um innerhalb eines möglichst weiten Bereiches die Abweichungen der „Maxwellschen Formel" von der Wirklichkeit untersuchen zu können.

---

[1]) Schon du Bois betont, daß die Messung mit seiner Wage im labilen Gleichgewichtszustande erfolgt: du Bois, a. a. O., S. 368 f.; vgl. hierzu auch: Emde, E. u. M. 1906, S. 976, Anm. und Euler, a. a. O., S. 21.

[2]) Diese Betrachtungen gelten nur für Gleichstrom, nicht für Wechselstrom.

Die Führung des Kernes war so zu konstruieren, daß die Reibung beim Einziehen des Kernes möglichst gering wurde, damit nicht zu große Fehler bei der Zugkraftmessung entstanden.

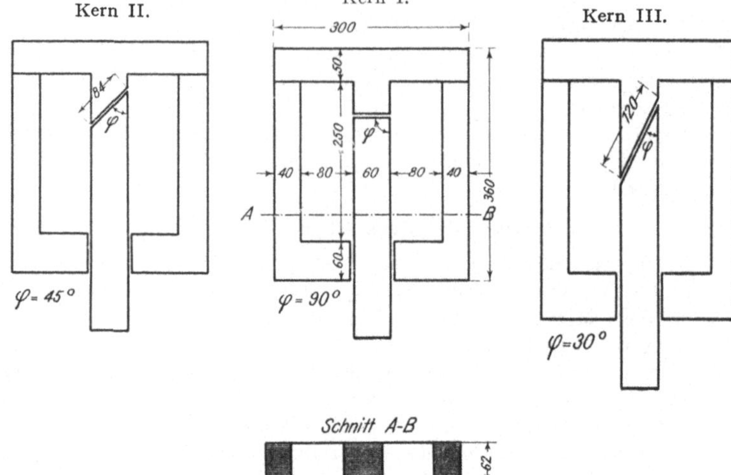

Fig. 1. Skizze des Versuchsmagneten.

Fig. 2. Der Versuchsmagnet.

Die Form des Magneten war damit gegeben. Kreisförmiger Querschnitt für Mantel und Kern kam mit Rücksicht auf die Herstellung aus Blechen nicht in Frage, also blieb nur rechteckiger Querschnitt. Gewählt wurde der Aufbau so, wie ihn die S.-S.-W. für Wechselstrom-Zugmagneten verwenden, und wie ihn Fig. 1 schematisch darstellt[1]). Fig. 2 gibt eine Photographie des fertigen Magneten.

---

[1]) An einem Wechselstrom-Magneten der S.-S.-W., einem Versuchsmodell für die Schützensteuerung der Hamburger Vorortbahn, das dem Elektrotechnischen Institut der Technischen Hoch-

Bei der Wahl der Abmessungen kamen die folgenden Punkte in Betracht. Die Pol-flächen durften nicht zu klein sein, damit die Einteilung der Flächen für die Messung der Induktion $\mathfrak{B}$ keine Schwierigkeiten machte. Andererseits sollte die höchste auftretende Zugkraft 800 kg nicht überschreiten mit Rücksicht auf das schon vorhandene für die Messung der Zugkraft bestimmte Gestell (vgl. unten). Bei einer maximalen Induktion von $\mathfrak{B} \approx 24000$ würden, die Richtigkeit der „Maxwellschen Formel" vorausgesetzt, etwa 23 kg Zugkraft auf 1 qcm kommen; deshalb wurden $6 \times 6 = 36$ qcm für den Kern-querschnitt gewählt. Eine überschlägige Rechnung ergab ferner, daß für die Erzie-lung so hoher Sättigung eine ·Durchflutung von etwa 100000 AW nötig sein würde, was (bei 10 Amp/qmm Stromdichte und einem Füllfaktor von 0,5) 200 qcm Fenster-querschnitt erforderte; das Maß 8×25 qcm wurde dann gewählt, um bis 15 cm Hub bequem messen zu können.

Drei verschiedene Kerne mit den zugehörigen Jochen wurden angefertigt, alle drei mit dem gleichen Querschnitt von 36 qcm; der Winkel zwischen Polfläche und Zugrichtung beträgt 90^0 bei Kern I, 45^0 bei Kern II und 30^0 bei Kern III (vgl. Fig. 1 und Fig. 7). Die Kerne wurden einseitig abgeschrägt, um möglichst einfache Verhältnisse zu erzielen. Der dadurch auftretende einseitige Zug hat sich nicht als störend erwiesen.

Der Magnet wurde in der Werkstatt des Elektrotechnischen Instituts der Technischen Hochschule Breslau hergestellt, auch die Spulen und alle Einzelteile mit Ausnahme der Bleche wurden dort angefertigt. Für die Bleche war eine passende Stanze nicht zu finden; das Material, Normal-Dynamoblech von 0,5 bzw. 1 mm Dicke (garantierte Verlustziffer: 3,6 Watt/kg) wurde also von der Bismarckhütte bezogen und mit der Schere genau nach Maß geschnitten und in Schablonen gelocht. Die Hälfte der Bleche wurde dann in üblicher Weise, zwecks Vermeidung der Wirbelströme, beiderseitig lackiert, und dann wurden die Blechpakete zusammengenietet, jedes Paket aus 108 Blechen von 0,5 und $2 \times 3 = 6$ Blechen von 1 mm. Unter Zugrundelegung eines spez. Gewichtes von 7,7 ergab die Wägung eine mittlere Blechstärke von nur 0,49 statt 0,5 mm.

Alle weiteren Einzelheiten des Zusammenbaues sind aus der Konstruktionszeichnung Fig. 3 zu ersehen. Die Nieten sind sorgfältig durch Preßspahn gegen die Bleche isoliert, ebenso auch gegen die Messingdruckstücke (a). Die langen Führungsbleche aus Messing (b) sind durch kleine, gegen das Messing isolierte Schräubchen (c), die in die Niete eingreifen, am Kerne befestigt. Die Führungsbleche sind also gegen den Eisenkern und gegen die Niete isoliert, so daß die entstehenden Wirbelströme keine geschlossenen Strombahnen vor-finden. Die Isolation aller Metallteile gegen die Eisenkörper wurde mit 220 Volt geprüft.

Der ganze Magnet wurde auf einem starken, aus zwei U-Eisen NP 14 bestehenden Gestelle[1]) festgeschraubt (vgl. Fig. 2, 3 und 8). Mit Hilfe des am Kerne befestigten Nonius und einer am Gestelle angebrachten Millimeter-Skala konnte der Hub bis auf 0,1 mm ge-neu abgelesen werden.

Die Magnetisierungsspule wurde in neun gleiche Spulen unterteilt, die für Gleichstrom hintereinander, für die beabsichtigten Wechselstrom-Messungen parallel geschaltet werden konnten. Um möglichst viel Kupfer im gegebenen Raume unterbringen zu können, wurde Flachkupferdraht gewählt, und zwar doppelt-baumwollumsponnener Draht von $3 \times 2,5$ (isoliert $3,2 \times 2,7$) qmm. Jede Spule hat $6 \times 26 = 156$ Windungen, ist mit Baum-wollband umwickelt und mit Isolierlack getränkt, so daß sie eine feste Einheit bildet; wie aus Fig. 3 ersichtlich, ist jede Spule, wenn sie in den Magneten eingebaut ist, mit Hilfe einer kleinen Schraube (s) so einstellbar, daß der Kern ohne Reibung hindurchgleiten kann.

Der Widerstand aller 9 Spulen = 1404 Windungen in Hintereinanderschaltung beträgt bei 20^0 C: 1,847 Ohm. Die größte bei den Versuchen benutzte (Gleich-)Stromstärke war

<hr>

schule Breslau überlassen worden war, ist eine größere Anzahl Vorversuche angestellt worden. Die dabei erzielten Resultate wurden dann beim Bau des Versuchsmagneten verwertet.

[1]) Dies Gestell, einschließlich Handrad, Spindel und Nonius, war schon von Dr. Euler für seine Zugkraftmessungen benutzt worden. Vgl. Euler, a. a. O. S. 18 und Fig. 9.

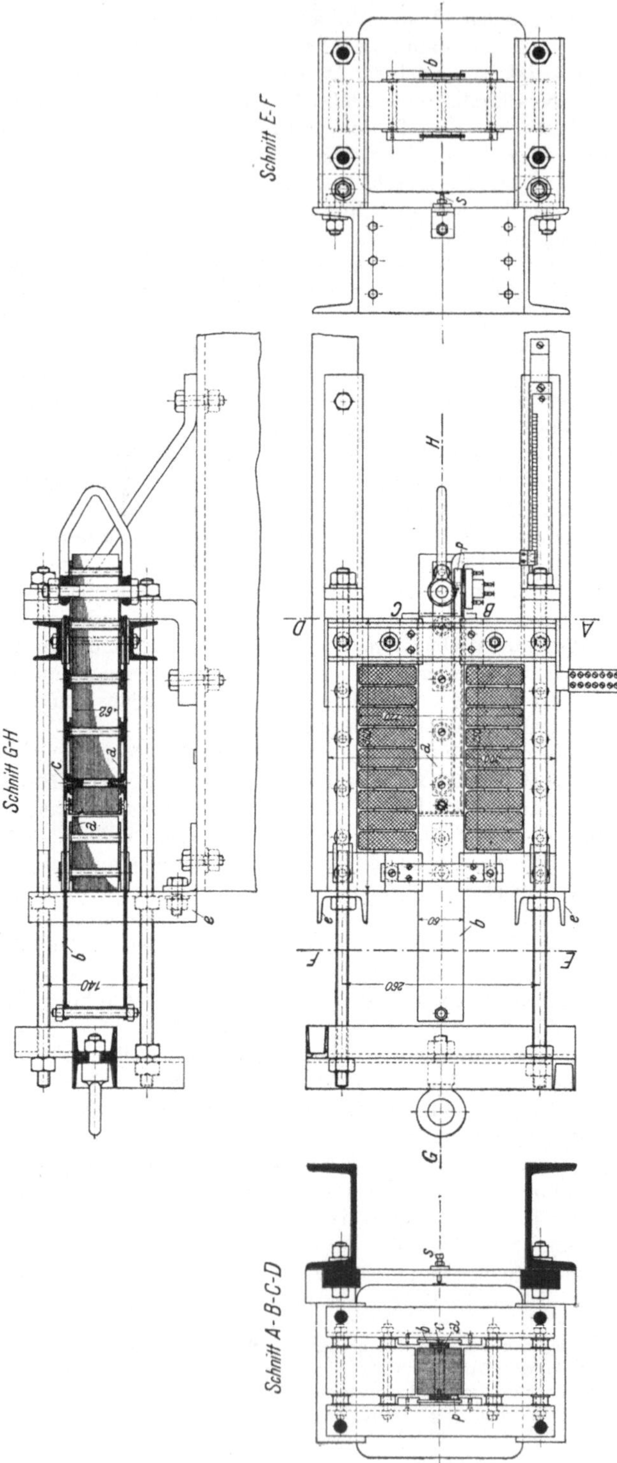

Fig. 3. Konstruktionszeichnung des Versuchsmagneten.

70 Amp, so daß die zur Verfügung stehende Netzspannung von 220 Volt stets ausreichte, auch wenn die Temperatur der Spulen 100⁰ wesentlich überschritt. — Die einzelnen Spulen waren zwar durch Luftzwischenräume von 2—3 mm getrennt; trotzdem vertrug der Magnet keine größere Dauerbelastung als etwa 3 Amp/qmm ($\approx$ 20 Amp). Bei den Messungen mit ballistischem Galvanometer (vgl. unten) war die Spule mit Unterbrechungen von 70 sec immer 10 sec eingeschaltet; ohne künstliche Kühlung konnten diese Messungen bis 50 Amp ($\approx$ 7 Amp/qmm) vorgenommen werden, darüber hinaus, bei 60 und 70 Amp, wurde ein Ventilator benutzt, der der Wicklung kalte Luft zublies.

2. Die Prüfspulen.

Auf den Polflächen der drei Kerne waren die Prüfspulen anzuordnen; da besonders bei Kern II und III, der schrägen Flächen wegen, ganz unsymmetrische Verteilung des Kraftflusses zu erwarten war, wurden die Spulen nicht konzentrisch sondern nebeneinander, wie Fig. 4 zeigt, angeordnet. Bei dieser Anordnung waren allerdings Meßfehler unvermeidlich, die von den Zwischenräumen zwischen den einzelnen Spulen herrührten. Es konnten jedoch vor dem Zusammenbau die genauen Maße jeder Spule festgestellt und diese Fehler also korrigiert werden; außerdem

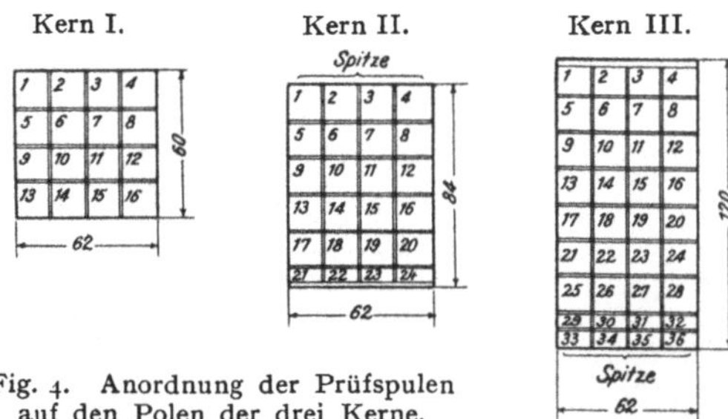

Fig. 4. Anordnung der Prüfspulen auf den Polen der drei Kerne.

ergab sich eine einwandfreie Kontrolle, wenn außer den Teilkraftflüssen mittels einer um die ganze Polfläche gelegten Spule auch der Gesamtkraftfluß gemessen wurde.

Als Normalgröße einer Prüfspule wurde 1,5 × 1,5 cm² gewählt; das ergab für die kleinste Polfläche, für Kern I, 4 × 4 = 16 Spulen.

Nun war darauf zu achten, daß die Windungen selbst möglichst wenig Platz einnahmen und möglichst unmittelbar auf der Eisenoberfläche angebracht wurden, um den Spulenfaktor recht nahe gleich 1 zu machen. Mit e i n e r Windung pro Spule war leider nicht auszukommen. Die kleinste noch mit e i n e r Windung einwandfrei zu messende Induktion ergibt sich aus:

$$\mathfrak{B} = \frac{\Phi}{F} = \frac{w_g}{n_2} \cdot \frac{C}{F} \cdot \alpha_e \cdot 10^8, \text{ [1]}$$

wobei C in Coulomb $= 14{,}43 \cdot 10^{-8}$. α_e soll, wenn möglich. nicht kleiner als 10^0 sein, also

$$\mathfrak{B}_{min} = \frac{100}{1} \cdot \frac{14{,}43 \cdot 10^{-8}}{1{,}5^2} \cdot 10 \cdot 10^8 = 6500.$$

Da besonders bei großem Hube erheblich kleinere Induktionen zu messen waren, bekam jede Spule 10 Windungen. Gewählt wurde Draht von 0,1 mm Durchmesser, doppeltmit Seide umsponnen, in der Anordnung der Fig. 5. Da also die oberste Windung kaum 1,5 mm von der Eisenoberfläche entfernt ist, konnte der Spulenfaktor, der das etwaige Austreten von Kraftlinien zwischen den Windungen derselben Spule berücksichtigt, vernachlässigt werden.

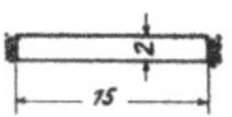

Fig. 5. Anordnung der Windungen auf den Prüfspulen.

Der Widerstand der Spulen wurde genau bestimmt; denn da der Widerstand w_g im ballistischen Stromkreise stets auf 100 Ohm gehalten werden muß, wobei das Galvanometer selbst 50 Ohm enthält, so war bei jeder Messung der Spulenwiderstand mit Hilfe

---

[1] Vgl. oben S. 9.

eines vorgeschalte ten Stöpselwiderstandes auf 50 Ohm zu ergänzen. Die Erwärmung der Prüfspulen konnte vernachlässigt werden; der maximale Widerstand einer Spule einschließlich Zuleitung bis zum Klemmbrette wurde mit 3,18 Ohm bei 20⁰ gemessen. Bei einer Erwärmung um 100⁰ auf 120⁰ wird also der Spulenwiderstand

$$w_{sp} = 3,18 \, (1 + \alpha \, t) = 3,18 \times 1,4 = 4,45 \text{ Ohm};$$

Der Gesamtwiderstand w_g änderte sich also in diesem ungünstigsten Falle um 4,45—3,18 = 1,27 Ohm ≈ 1,3 %. Dabei war eine Abweichung der Galvanometerkonstante noch nicht festzustellen.

Einige Schwierigkeit machte die Herstellung und Befestigung der Prüfspulen. Nach mehreren Versuchen wurde als Material für die kleinen Spulenkörper Preßspan gewählt, der leicht' in genauen Abmessungen auszuschneiden war, und der vor allem auch die Temperaturen von über 100⁰, die im Magneten auftraten, aushält, ohne seine Form zu ändern. Dabei mußte die Befestigung auf der Polfläche so vorgenommen werden, daß die Eisenoberfläche nicht verletzt wurde. Fig. 6 zeigt die endgültige Ausführung im Schnitte, Fig. 7

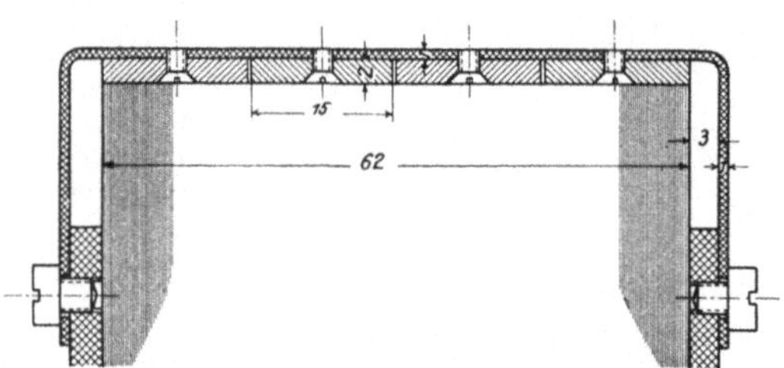

Fig. 6. Schnitt durch die auf dem Pole befestigten Prüfspulen.

als Photographie. Als Spulenträger dient Messingblech von 1 mm Dicke, das, um die Wirbelstrombildung so dicht über der Polfläche zu vermeiden, mit tiefen Einschnitten versehen war (vgl. Fig. 7); es wurde genau in der Form und Größe der Polfläche ausgeschnitten und mit zwei Laschen seitlich an die Messingdruckstücke angeschraubt, die auch die Nietköpfe enthalten. So brauchte das Eisen überhaupt nicht angebohrt zu werden. Dann wurde eine Preßspanplatte von 2 mm Dicke auf das Messingblech geschraubt mit soviel Messingschräubchen, wie Prüfspulen vorgesehen waren. Mit einer Präzisionsschubleere wurde die Einteilung der Fig. 4 genau vorgezeichnet und mittels Kreissäge die aufgeschraubte Preßspanplatte zerschnitten. Die so entstandenen einzelnen Spulenkörper wurden dann noch, soweit nötig, mit Sandpapier und Feile nachgearbeitet und genau gemessen, wobei sich folgende Mittelwerte für die Oberflächen der Spulenkörper ergaben:

Kern	I.	Spulenkörper	1—16:	F = 220,58	qmm
,,	II.	,,	1—20:	F = 221,03	,,
,,	II.	,,	21—24:	F = 94,30	,,
,,	III.	,,	1— 4:	F = 183,60	,,
,,	III.	,,	5—28:	F = 218,89	,,
,,	III.	,,	29—36:	F = 96,99	,,

Die Abweichungen von diesen Mittelwerten blieben meist unter 1 %, näherten sich nur in wenigen Fällen dem Maximum von 2,5 %.

Auf die fertigen Spulenkörper wurde der 0,1 mm-Draht in zwei Lagen entsprechend Fig. 5 mit der Hand aufgewickelt und das Ganze mit Schellack getränkt, die Zuführungen wurden sorgfältig verdrillt. Auf das Messingblech wurde erst ein isolierendes Papierblatt gelegt und dann die einzeln nochmals in dünnes Papier gewickelten Spulen aufgeschraubt. Die Zuführungsdrähte wurden am äußeren Rande zusammengefaßt und durch ein Papierrohr am ganzen Kerne entlang nach außen zum Klemmbrette geführt; das Rohr (p) liegt, zwischen Kern und Führungsblech eingeklemmt, vollständig geschützt (vgl. Fig. 3). Die Klemmbretter mußten an den Kernen selbst angebracht werden, damit die dünnen Zuleitungsdrähte nicht bei jeder Bewegung der Kernes gezerrt wurden; die Anordnung ist aus Fig. 2 und 7 zu ersehen. Als Klemmen wurden kleine

Säulen benutzt, die bei einem Durchmesser von 5 mm in 10 mm Abstand, vier Reihen nebeneinander, in eine Fiberplatte eingeschraubt wurden; die Enden der Zuleitungen

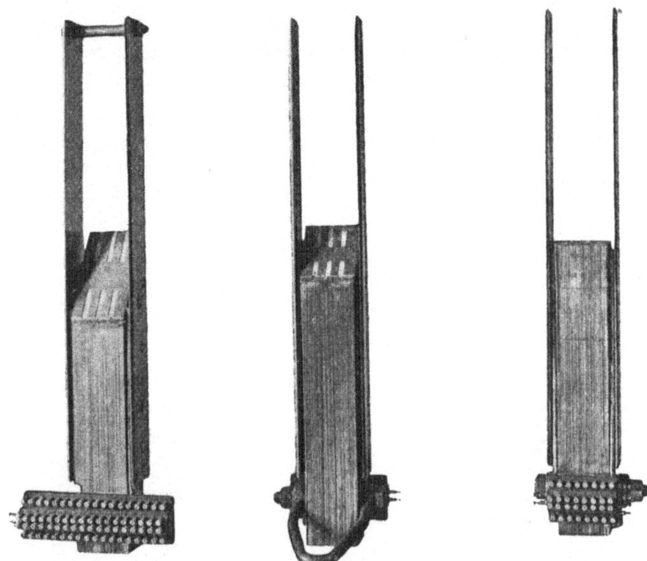

Fig. 7. Die drei Magnetkerne

Fig. 8. Ansicht der gesamten Versuchs-Anordnung.

wurden an die Klemmen angelötet, diese selbst numeriert. So war es möglich, die 74 Klemmen für Kern III auf einem Brette von 17,7 × 5,5 qcm unterzubringen.

Weitere Prüfspulen waren noch für die Streuungsmessungen nötig; sie wurden an den erforderlichen Stellen (vgl. unten S. 34) unmittelbar auf das Eisen gewickelt, da sich die Isolation des 0,1 mm-Drahtes als ausreichend erwies. Sie bestehen aus nur einer Windung und wurden mittels kleiner Einkerbungen an den Ecken des Eisenkörpers in ihrer Lage gehalten. Ihre Ausführungen wurden an einem besonderen, in Fig. 2 vorn sichtbaren Klemmbrette gesammelt.

3, Stromquelle, weitere Instrumente und Apparate.

Als Stromquelle diente die 220 Volt-Batterie des Instituts. Als Amperemeter wurde ein 2-ohmiges Deprez-Instrument von Weston mit zugehörigem kombinierten Nebenschlusse benutzt; vor Beginn und nach Beendigung der Versuche wurde das Instrument mit einem Normal-Instrumente derselben Firma verglichen, und es wurde keine Abweichung festgestellt.

Mittels eines Präzisions-Voltmeters wurde ständig die Spannung an den Klemmen der Magnetisierungsspule und damit auch die Temperatur kontrolliert.

Zwei parallel geschaltete Belastungs-Widerstände von S. & H. mit Grob- und Fein-Regulierung, für je 30 Ampere, gestatteten genaue Einstellung der Stromstärke. Fig. 8 zeigt eine Ansicht, Fig. 9 das Schaltschema der gesamten Versuchsanordnung.

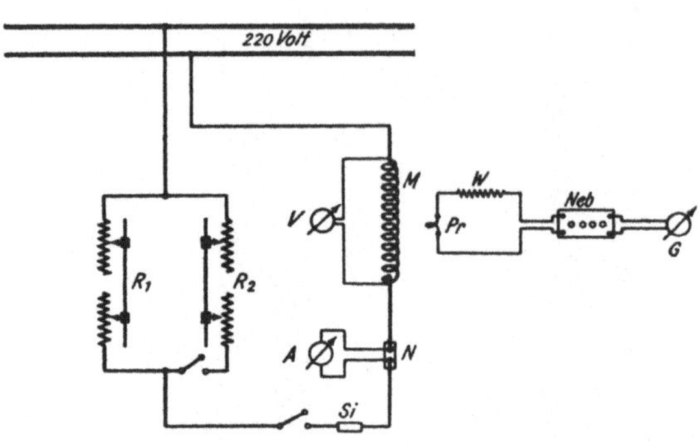

Fig. 9. Schaltschema der gesamten Versuchsanordnung.

IV. Ausführung der Versuche und Versuchsergebnisse.

1. Messung der Zugkraft.

Bei den Zugkraftmessungen mußte der schädliche und die Resultate fälschende Einfluß der Reibung möglichst ausgeschaltet werden. Dies gelang fast vollständig bei Kern I (senkrechte Polfläche), indem so lange in jeder Stellung des Kernes der ganze Magnet durch Hammerschläge erschüttert wurde, bis die Einstellung der Federwage konstant blieb. Da beim Herausziehen des Kernes die Reibungskraft sich zu der Zugkraft addiert, beim Hineinziehen aber beide Kräfte sich entgegenwirken, so konnte man sich ein Urteil bilden, wie weit die Reibung ausgeschaltet war.

Zu beachten war noch, daß bei der Bewegung nach außen das Eisen entsprechend dem absteigenden, bei der entgegengesetzten Bewegungsrichtung nach dem aufsteigenden Ast der Magnetisierungskurve magnetisiert wurde. Ein Einfluß der Hysterese war aber nicht nachzuweisen; er lag jedenfalls innerhalb der Fehlergrenze.

Bei Kern I konnte die Messung mit großer Sicherheit vorgenommen werden; mehrfach wiederholte Kontrollmessungen ergaben nur geringe Abweichungen der Kräfte. Nachdem der Magnet mehrmals auseinandergenommen worden war, nachdem auch alle Messungen mit Kern II und III erledigt waren, wurde Kern I noch einmal eingebaut, und die Zugkraftmesungen wurden jetzt nochmals wiederholt; die größte Abweichung betrug in einem Falle 6,5 %, erreichte sonst niemals 5 %.

Nicht ganz so einwandfrei sind die Messungen bei Kern II und III; besonders beim letzteren erhöhte die zur Zugrichtung senkrechte Komponente der Zugkraft die Reibung erheblich. Die Messungen wurden deshalb mehrfach wiederholt und Mittelwerte eingesetzt.

In Zahlentafel 2—4 sind die gemessenen Werte zusammengestellt: je zwei übereinander stehende Zahlen gehören zusammen und zwar bedeuten immer die oberen Zahlen die an der Federwage abgelesenen Zugkräfte Z_g.

Fig. 10—12. Zugkraft Zg, abhängig vom Hube.

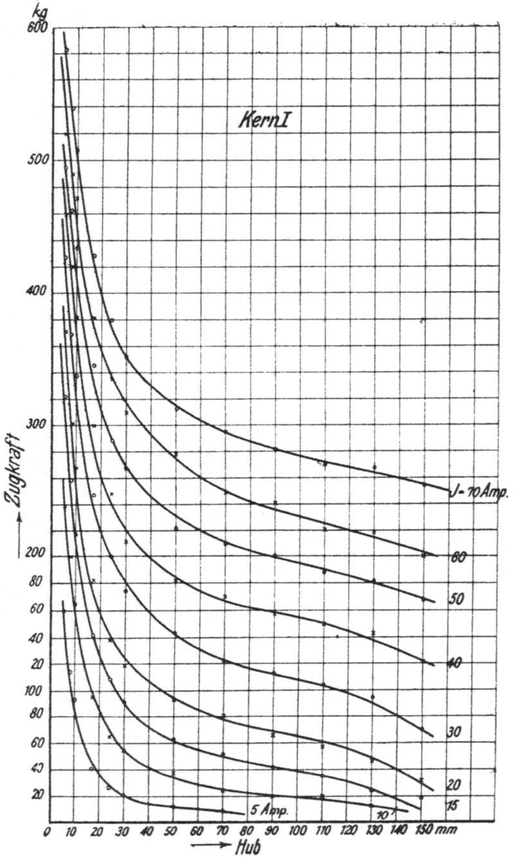

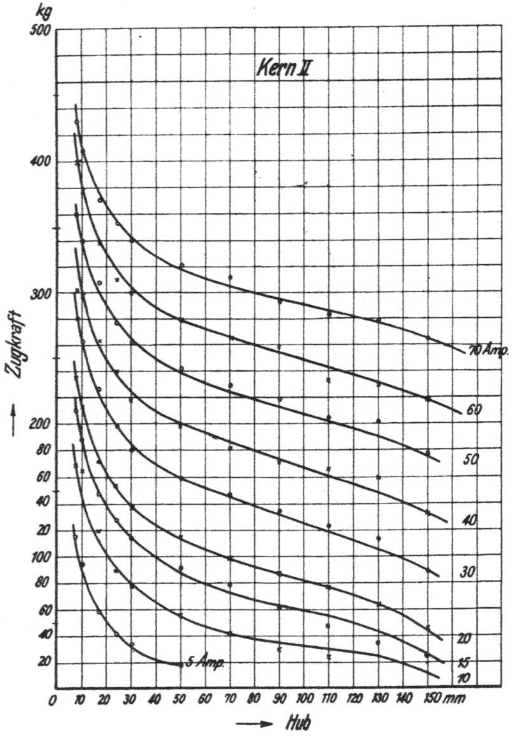

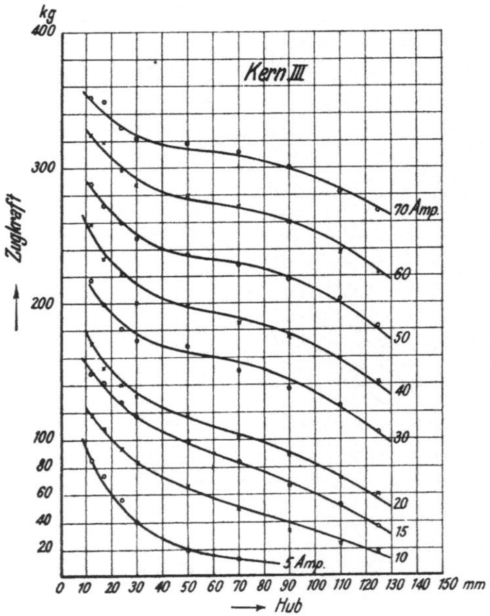

Fig. 13—15. Zugkraft Zg, abhängig vom Magnetisierungsstrome.

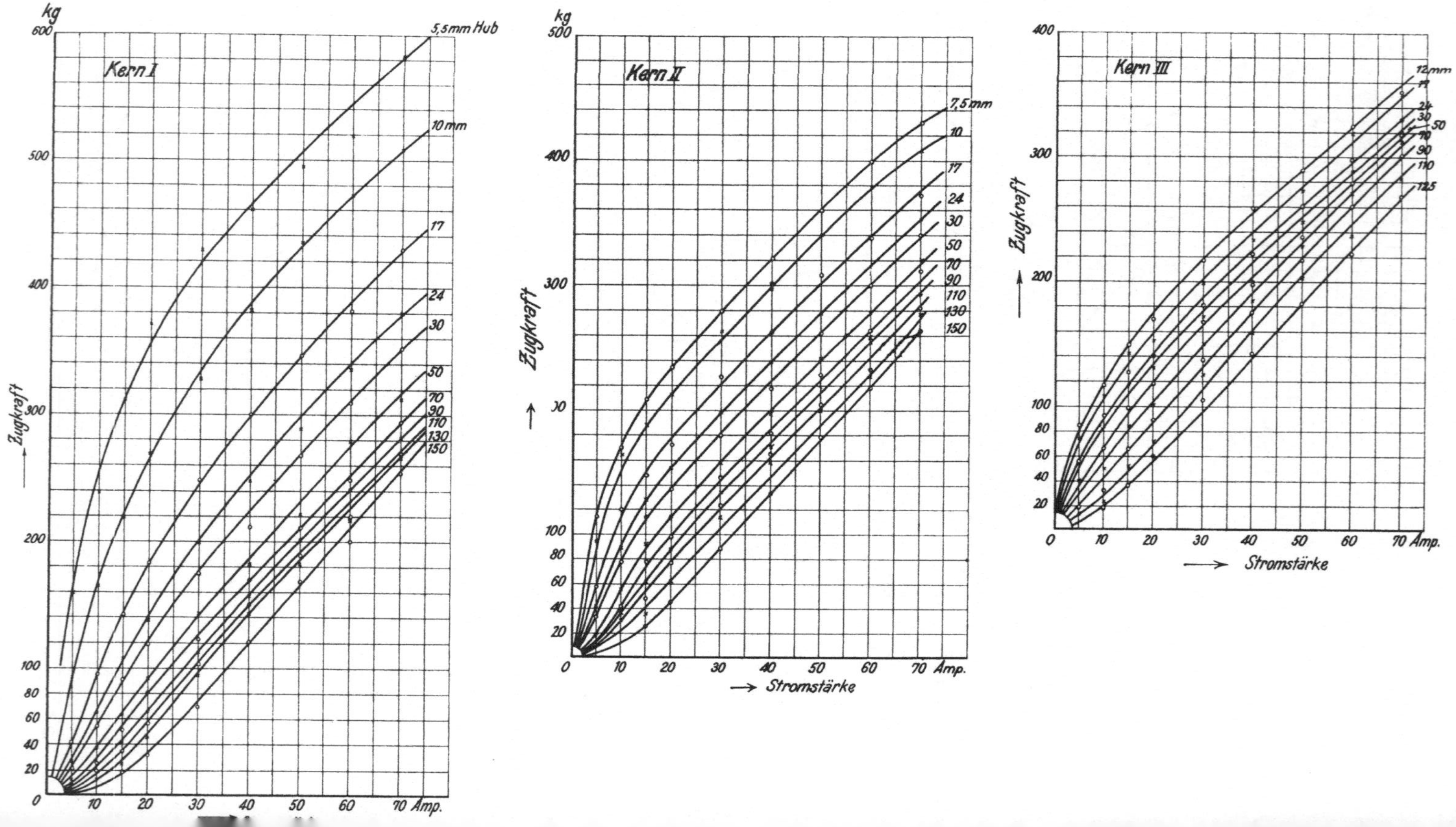

Die 6 Figuren 10—15 zeigen den Verlauf dieser gemessenen Zugkraft Zg, die Zugkraft-kurven in der üblichen Darstellung, einmal als Funktion des Hubes bei verschiedenen Stromstärken, dann als Funktion der Stromstärke bei verschiedenen Hüben[1]).

Die Ergebnisse mögen, soweit sie aus den Kurven direkt zu entnehmen sind, gleich hier zusammengefaßt werden: Die größte Zugkraft wurde mit dem stumpfen Kerne I erreicht, bei den beiden anderen Kernen steigen die Kurven mit abnehmendem Hube viel weniger stark an als bei Kern I. Umgekehrt gibt bei großem Hube der Kern I die kleinste Zugkraft. In Fig. 16 sind die Zugkraftkurven für alle drei Kerne bei 17 und 110 mm Hub dargestellt, die das eben Gesagte veranschaulichen. Daraus folgt:

Je spitzer der Kern, um so gleichmäßiger ist seine Zugkraft über die Länge des ganzen Hubes verteilt.

Will man also auf längerem Hube möglichst gleichmäßig verteilte Zugkraft erzielen,

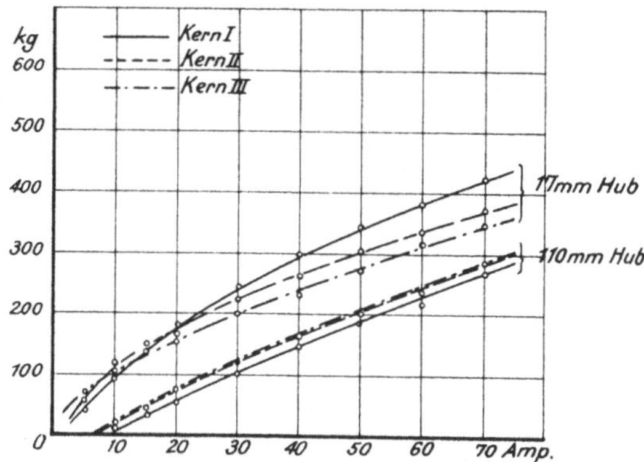

Fig. 16. Vergleich der Zugkräfte bei großem und kleinem Hube.

so wird man einen spitzen Winkel am Kerne wählen; soll dagegen eine möglichst große Kraft auf kurzer Strecke bei kleinem Hube ausgeübt werden, so wähle man einen stumpfen Kern.

Zahlentafel 2.

Zugkraft des Magneten mit Kern I.

Hub in mm	5,5	8	10	17	24	30	50	70	90	110	130	150
5 Amp.	160	114	93	41,5	27	21	12,5	9	—	—	—	—
	162,0	—	79,6	32,8	23,0	16,9	8,0	5,7	—	—	—	—
10 ,,	239	2 00	165	95	65	55	37,5	25,5	21	20,5	13	—
	—	—	—	—	—	—	—	—	—	—	—	—
15 ,,	312	259	218	142	108	91	63	52	42	35	24,5	19
	313,5	—	210	124	88	76,3	50	38	35,2	29	22	13,7
20 ,,	371	302	268	183	138	119	92,5	80,5	66	57	46	32
	—	—	—	—	—	—	—	—	—	—	—	—
30 ,,	428	369	328	248	200	175	143	123	113	104	94,5	70
	421,9	—	325	210	169	146,8	115	96	87,1	81	72	56,4
40 ,,	460	421	382	300	248	212	182	170	157	150	143	121
	—	—	—	—	—	—	—	—	—	—	—	—
50 ,,	495	463	435	346	289	268	222	211	201	188	182	168
	521,3	—	406	290	246	223,2	181	159	151,1	145	137	123,1
60 ,,	520	490	472	381	336	310	279	249	241	220	218	200
	—	—	—	—	—	—	—	—	—	—	—	—
70 ,,	583	539	508	429	380	352	313	295	282	270	268	255
	584,4	—	480	370	324	300,1	254	227	215,4	210	202	188,2

[1]) Da sich in beiden Fällen stetige Kurven ergeben müssen, so erhält man noch eine gute Korrektur der Meßwerte, und alle zufälligen Meßfehler zeigen sich. Für die späteren Berechnungen wurden deshalb auch teilweise aus den Kurven entnommene Werte statt der direkt abgelesenen Zahlen verwendet.

Zahlentafel 8.

Zugkraft des Magneten mit Kern II.

Hub in mm	—	7,5	10	17	24	30	50	70	90	110	130	150
5 Amp.	—	115	94	58	42	34	18	—	—	—	—	—
	—	116	105	53	32	21,8	9,2	5,2	3,3	2,3	1,6	1,1
10 „	—	170	165	120	89	78	55	42	30	24	—	—
	—	159	134	87,8	63	48,8	28,2	18,9	13,1	9,3	6,4	4,3
15 „	—	210	188	148	128	114	91	78	62	48	35	25
	—	186	161	109,5	82,6	68,0	42,5	31,4	24,8	19,7	14,3	9,6
20 „	—	235	214	172	154	137	115	98	88	77	63	45
	—	203	178	127	98,3	83	55,5	43,5	36,2	31,0	24,7	17,1
30 „	—	251	264	227	199	180	159	147	135	124	113	88
	—	228	201	148	120	102	72,3	59,6	53,0	48,4	43,2	33,8
40 „	—	302	298	263	239	218	198	182	171	166	159	133
	—	254	227	169	139	121	88,2	74,0	69,1	62,5	58,8	51,0
50 „	—	360	340	308	277	262	241	229	219	205	201	179
	—	268	240	186	153	136	102	86,3	79,5	76,0	70,8	63,8
60 „	—	—	378	338	310	300	279	265	259	233	229	218
	—	291	263	207	173	152	118	101	93	89	83	77
70 „	—	430	408	372	353	340	320	312	293	283	278	265
	—	315	283	232	194	173	135	117	107	102	96,5	93

Zahlentafel 4.

Zugkraft des Magneten mit Kern III.

Hub in mm	—	—	12	17	24	30	50	70	90	110	125	—
5 Amp.	—	—	85	74	56	40	19	13	—	—	—	—
	—	—	63,2	48,0	35,2	27,2	12,5	6,3	· 3,5	2,0	1,3	—
10 „	—	—	117	108	93	84	66	50	33	23	18	—
	—	—	85	69	52,2	43.0	26,3	17,2	11,1	6,9	4,8	—
15 „	—	—	149	142,5	128	117	99	84	66	52	37	—
	—	—	98	79,7	63,4	53,8	34,1	24,6	18,0	12,6	9,0	—
20 „	—	—	170	152	140	131	118	101	89	72	60	—
	—	—	106	87	71,3	60,2	41,0	31,4	24,0	18,0	13,4	—
30 „	—	—	217	199	181	172	168	150	137	125	105	—
	—	—	115	101	83,5	73,0	47,5	40,1	33,9	27,6	22,0	—
40 „	—	—	259	233	222	200	198	185	175	159	142	—
	—	—	130	111	93,5	82,1	59,3	48,4	40,6	35,6	29,9	—
50 „	—	—	288	272	260	248	236	228	217	203	182	—
	—	—	142	123	103	92,0	69,0	56,8	48,4	41,8	35,9	—
60 „	—	—	325	319	298	288	279	271	260	237	222	—
	—	—	155	132	112	101	76,9	64,8	55,9	49,6	43,6	—
70 „	—	—	352	349	330	322	318	312	301	282	268	—
	—	—	164	145	125	112	87	73,2	63,1	56,6	51,0	—

In Zahlentafel 2—4 gehören zu jeder Stromstärke zwei Zeilen; die Zahlen der oberen Zeile bedeuten die gemessene Zugkraft Z_g in kg, die Zahlen der unteren Zeile die aus den Kraftflußmessungen nach der „Maxwellschen Formel" berechnete Zugkraft Z_M in kg.

Von einem günstigsten Winkel schlechthin für die Spitze des Kernes kann man also nicht sprechen. Benecke[1]) hat für Zugmagneten einen Polwinkel ermittelt, bei dem unter sonst gleichen Verhältnissen die Zugkraft am größten sein soll, und den er deshalb den „günstigsten" nennt. Dieser Winkel soll nur vom Materiale abhängen; doch ist die Be-

---

[1]) ETZ. 1901, S. 542.

rechnung nur für eine AW-Zahl aufgestellt, bei der die Sättigung anscheinend gering war. Fig. 17, die den Einfluß des Winkels auf die Zugkraft des untersuchten Magneten bei verschiedenen Stromstärken und Hüben darstellt, läßt jedenfalls erkennen: Bei großen Sättigungen (Strom groß, Hub klein) ist die senkrechte Polfläche bei weitem am ,,günstigsten''; bei mittleren Sättigungen ist der günstigste Winkel etwa 45°, und erst bei geringen Sättigungen liegt die maximale Zugkraft bei 30° und darunter. Die drei Winkel, bei denen gemessen wurde, reichen leider für einen vollständigen Vergleich mit den Kurven von Benecke, die alle kurz unterhalb 30° ein Maximum haben und nach dem Nullpunkte hin laufen, nicht aus.

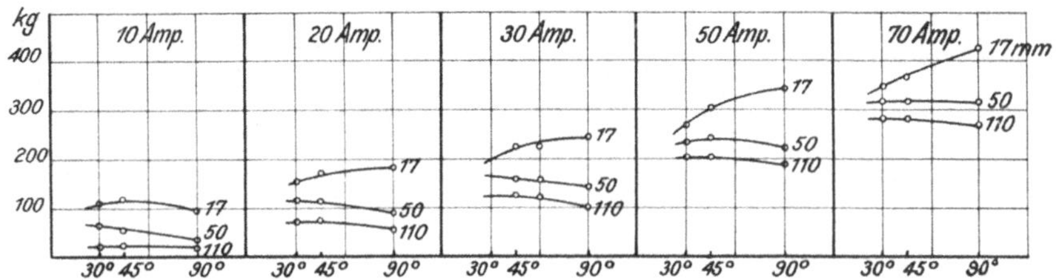

Fig. 17. Einfluß des Polwinkels auf die Zugkraft bei verschiedenen Stromstärken und Hüben.

2. Messung des Kraftflusses und Berechnung der Zugkraft nach der ,,Maxwellschen Formel''.

a) Die Verteilung des Kraftflusses auf der Polfläche.

Über Messung und Berechnung der Kraftflußverteilung auf den Polflächen gibt Zahlentafel 5 Auskunft; sie ist als Beispiel herausgegriffen und gilt für Kern II (45°) für 70 Amp. und 7,5 mm Hub. Zur Erklärung diene das Folgende.

Für jede Prüfspule wurde der Ausschlag des ballistischen Galvanometers zweimal gemessen (α_1 und α_2), die Ablesungen wurden bei kleinen Stromstärken (5 und 10 Amp.) beim Ein- und Ausschalten, bei größeren Stromstärken nur beim Einschalten gemacht[1]). Der Mittelwert (Spalte 4) war zu korrigieren, da die gerade Skala gegenüber der Kreisskala bei großen Ausschlägen Fehler bis 1 % ergibt[2]); der so erhaltene Wert α_{m_k} (Spalte 6), dividiert durch die gerade am Nebenschlusse eingestellte Empfindlichkeit des Galvanometers, gab erst den endgültigen Wert α_{m_r} (Spalte 8). w_{sp} ist der vorher gemessene Widerstand jeder Spule, der durch w (Stöpsel-Rheostat) zu 50 Ohm zu ergänzen war; w_g, der Gesamt-Widerstand des ballistischen Stromkreises, betrug so stets 100 Ohm, während n_2, die Windungszahl der Prüfspulen, 10 war; nur die um den ganzen Pol gelegte Prüfspule o hatte $n_2 = 1$ Windung. Daraus ergab sich der die betr. Spule durchsetzende Kraftfluß:

$$\Phi = \frac{w_g}{n_2} \cdot 14{,}60 \cdot \alpha_{m_r} \ [\text{c g s}]^{3})$$

Für die Berechnung der Induktion $\mathfrak{B}$ und der Zugkraft Z_M wurden dann die auf S. 16 angegebenen Flächen F der Spulenkörper zugrunde gelegt. Die Windungen liegen entsprechend Fig. 5 in zwei Lagen auf der Spule, so daß jederseits noch ca. 0,08 mm als mittlere Wicklungshöhe dazukommen, innerhalb deren der Kraftfluß Φ gemessen wird. Von der so errechneten Fläche

$$F' = F + 0{,}08 \times \text{Umfang}$$

---

[1]) Vgl. oben S. 10.

[2]) Laut Kohlrausch, Praktische Physik, 11. Aufl., Leipzig 1910, Tab. 28, S. 716 gilt für A = 1500 mm Skalenabstand:

Ablesung:	50	100	150	200	250°
Korrektur:	0,0	0,1	0,5	1,2	2,3°

[3]) betr. C = 14,60 vgl. oben S. 9, Anm. 4.

Hub: 7,5 mm

Spule Nr.	a_1	a_2	a_m	Ausschlag-korrektur.	a_{m_k}	Empfind-lichkeit	a_{m_r}
0	101,8	101,8	101,8	— 0,2	101,6	$^1/_5$	508,0
1	201,2	202,2	201,7	— 1,2	200,5	$^1/_1$	200,5
2	222,8	222,0	222,4	— 1,7	220,7	$^1/_1$	220,7
3	225,0	225,4	225,2	— 1,8	223,4	$^1/_1$	223,4
4	201,2	201,0	201,1	— 1,2	199,9	$^1/_1$	199,9
5	209,0	208,8	208,9	— 1,4	207,5	$^1/_1$	207,5
6	238,6	238,4	238,5	— 2,0	236,5	$^1/_1$	236,5
7	236,2	236,2	236,2	— 2,0	234,2	$^1/_1$	234,2
8	209,8	210,8	210,3	— 1,4	208,9	$^1/_1$	208,9
9	218,2	218,2	218,2	— 1,6	216,6	$^1/_1$	216,6
10	244,2	243,8	244,0	— 2,2	241,8	$^1/_1$	241,8
11	243,4	242,6	243,0	— 2,2	240,8	$^1/_1$	240,8
12	217,0	217,0	217,0	— 1,6	215,4	$^1/_1$	215,4
13	226,8	226,6	226,7	— 1,8	224,9	$^1/_1$	224,9
14	248,8	248,2	248,5	— 2,3	246,2	$^1/_1$	246,2
15	247,4	246,8	247,1	— 2,3	244,8	$^1/_1$	244,8
16	226,0	226,0	226,0	— 1,8	224,2	$^1/_1$	224,2
17	221,8	221,0	221,4	— 1,7	219,7	$^1/_1$	219,7
18	241,8	240,8	241,3	— 2,1	239,2	$^1/_1$	239,2
19	239,4	240,0	239,7	— 2,1	237,6	$^1/_1$	237,6
20	214,8	215,0	214,9	— 1,5	213,4	$^1/_1$	213,4
21	65,8	65,8	65,8	0	65,8	$^1/_1$	65,8
22	67,8	67,2	67,5	0	67,5	$^1/_1$	67,5
23	67,6	67,4	67,5	0	67,5	$^1/_1$	67,5
24	65,6	66,0	65,8	0	65,8	$^1/_1$	65,8

ist dagegen der Teil der Polfläche abzuziehen, der nicht von Eisen, sondern von Luft und Isolation eingenommen wird. Da die gesamte Stärke des fertigen Kernes 62,0 mm beträgt das Eisen aber nur:

$$6 \times 1 + 108 \times 0,49 = 58,9 \text{ mm}^1)$$

stark ist, so ist der Isolationsfaktor

$$\frac{58,9}{62,0} = 0,95.$$

Dann ist also

$$\mathfrak{B} = \frac{\Phi}{F' \cdot 0,95}.$$

Für die Zugkraft Z_M kommt der gesamte Kraftfluß auf der ganzen Fläche in Betracht. Nun ist aber die Summe aller Einzelflächen F' nicht gleich der ganzen Oberfläche des Poles, sondern um d % kleiner[2]. Nimmt man jetzt an, daß sich die Flächenstreifen, deren Kraftfluß infolge der Unterteilung der ganzen Fläche in einzelne Spulen nicht mitgemessen wurde, über die ganze Fläche gleichmäßig verteilen, daß also jeder gemessene Wert der Induktion $\mathfrak{B}$ nicht nur auf der Fläche F', sondern auf einer um d % größeren Fläche F_w vorhanden ist, so ist damit der durch die Unterteilung bedingte Fehler soweit wie möglich ausgeglichen. Es ist also für jede Prüfspule:

$$F_w = F' \cdot 0,95 \left(1 + \frac{d}{100}\right).$$

---

[1]) Vgl. oben S. 13.

[2]) Dabei ist berücksichtigt, daß bei den Kernen II und III die Spulen an den stumpfen Kanten gekürzt werden mußten, da sie über die Seitenflächen hinausragten. Die betreffenden Spulen wurden deshalb mit einem um r vergrößerten, die Kürzung berichtigenden Wert eingesetzt.

tafel 5.
auf der Polfläche.

Kern II								Strom: 70 Amp.
w_{sp} Ohm	$w = 50 - w_{sp}$ Ohm	w_g Ohm	n_2	$\Phi = \dfrac{w_g}{n_2} \cdot 14{,}60 \cdot \mathfrak{z}_{m_r}$	F' cm²	$\mathfrak{B} = \dfrac{\Phi}{F' \cdot 0{,}95}$	F_w cm²	$z\ \mathrm{kg} = \left(\dfrac{\mathfrak{B}}{1000}\right)^2 \cdot \dfrac{F_w}{24{,}65} \cdot \sin\varphi$
2,26	47,7	100	1	743 000	52,7	14 870	50,00	316,0
2,75	47,2	100	10	29 250	2,258	13 620	2,200	11,7
2,67	47,3	100	10	32 200	2,258	15 000	2,200	14,2
3,18	46,8	100	10	32 550	2,258	15 180	2,200	14,65
3,06	46,9	100	10	29 200	2,258	13 600	2,200	11,65
2,50	47,5	100	10	30 300	2,258	14 120	2,200	12,6
2,56	47,4	100	10	34 550	2,258	16 100	2,200	16,35
3,14	46,9	100	10	34 200	2,258	15 950	2,200	16,0
3,02	47,0	100	10	30 500	2,258	14 220	2,200	12,8
2,74	47,3	100	10	31 600	2,258	14 750	2,200	13,75
2,89	47,1	100	10	35 300	2,258	16 450	2,200	17,1
3,16	46,8	100	10	35 200	2,258	16 400	2,200	17,0
3,01	47,0	100	10	31 400	2,258	14 620	2,200	13,5
2,94	47,1	100	10	32 800	2,258	15 280	2,200	14,75
2,99	47,0	100	10	36 000	2,258	16 780	2,200	17,8
3,13	46,9	100	10	35 800	2,258	16 680	2,200	17,55
3,02	47,0	100	10	32 800	2,258	15 290	2,200	14,75
3,04	47,0	100	10	32 050	2,258	14 920	2,200	14,05
3,17	46,8	100	10	34 900	2,258	16 250	2,200	16,65
3,14	46,9	100	10	34 800	2,258	16 200	2,200	16,60
3,02	47,0	100	10	31 200	2,258	14 520	2,200	13,30
2,79	47,2	100	10	9 600	0,977	10 360	1,495	4,60
2,86	47,1	100	10	9 850	0,977	10 610	1,495	4,85
2,78	47,2	100	10	9 850	0,977	10 610	1,495	4,85
2,70	47,3	100	10	9 600	0,977	10 360	1,495	4,60

$$(\Sigma\,\Phi)' = 717\,900^{1)}$$
$$\left(1 + \frac{d}{100}\right) = \Sigma\,\Phi = 737\,000 \qquad \mathfrak{B}_m = 14\,740 \qquad \Sigma z = 315{,}6\ \mathrm{kg} \qquad z_M = 311\ \mathrm{kg}$$

Zahlentafel 6 enthält die eben besprochenen Werte für alle Prüfspulen.

Entsprechend dem in Zahlentafel 5 gegebenen Beispiel wurden 37 Aufnahmen für verschiedene Hübe und Stromstärken gemacht, 21 für Kern I, je 8 für Kern II und III. Jede einzelne Ablesung erforderte mindestens 80 sec Zeit, 10 sec für den Ausschlag, 70 sec für die Rückkehr des Galvanometers. Mit Hilfe der Zahlen der Tafel 6 wurde dann die Verteilung der Induktion auf den Polflächen berechnet.

Zahlentafel 6.
Windungsflächen der Prüfspulen.

	F mm²	F' mm²	d	$r^{2)}$	F_w mm²
Kern I, Spule 0	—	3720	—	—	3540
„ I, „ 1—16	220,58	225,4	3 %	—	220,4
„ II, „ 0	—	5270	—	—	5000
„ II, „ 1—20	221,03	225,8	2,6 %	—	220,0
„ II, „ 21—24	94,30	97,7	2,6 %	1,58	149,5
„ III, „ 0	—	7440	—	—	7070
„ III, „ 1—4	183,60	188,0	4,8 %	1,19	222,8
„ III, „ 5—28	218,89	223,7	4,8 %	—	222,7
„ III, „ 29—36	96,99	100,4	4,8 %	—	100,0

[1]) Dabei sind die Werte der Spulen 21—24 mit $r = 1{,}58$ multipliziert.
[2]) Vgl. S. 24, Anm. 2.

Für jeden Kern wurden die Messungen bei größtem, mittlerem und kleinstem Hube sowie bei größter, mittlerer und kleinster Stromstärke herausgegriffen und im folgenden verwertet. Die Tafeln 7—9 enthalten die Zahlen der für jede Prüfspule in jedem der acht Fällen gemessenen Induktion[1]). In den Figuren 18—20 ist die Verteilung der Induktion graphisch dargestellt, indem die Werte von $\mathfrak{B}$ als Strecken senkrecht über dem zugehörigen Flächenstücke aufgetragen wurden. Für Kern I wurde räumliche Darstellung

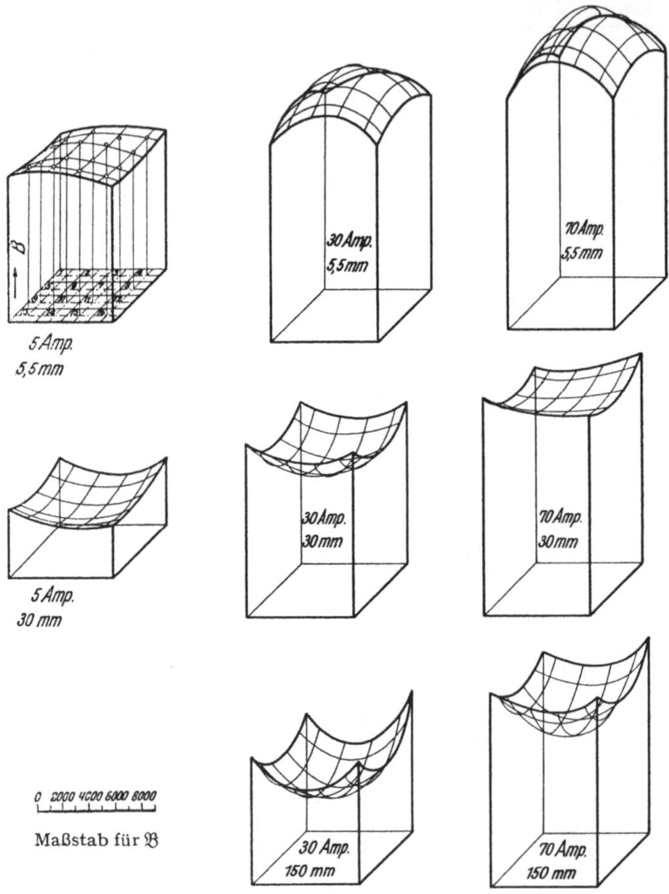

Fig. 18. Verteilung der Induktion $\mathfrak{B}$ auf der Polfläche des Kernes I.

gewählt; die so entstehenden, in Parallelprojektion gezeichneten Raumgebilde stellen den ganzen die Kernoberfläche durchsetzenden Kraftfluß: $\Phi_0 = \int \mathfrak{B}\, dF$ dar. Bei Kern II und III ist die Verteilung der Induktion nur in zwei zur Kernoberfläche senkrechten Ebenen dargestellt (die ausgezogene Kurve bezieht sich auf die mittleren, die gestrichelte auf die am Rande angeordneten Prüfspulen), da die Kraftlinien sich in der anderen, dazu senkrechten Richtung nahezu symmetrisch verteilen.

---

[1]) Der neunte Fall, kleinster Strom bei größtem Hube, wurde ausgelassen, weil die entsprechende Zugkraft so klein war, daß sie mit der Federwage nicht mehr gemessen werden konnte.

Überraschend wirkt im ersten Augenblicke das Ergebnis dieser Untersuchung, besonders wie es in Fig. 18 für Kern I dargestellt ist. Nur bei kleinem Luftspalte und großer Induktion ziehen sich die Kraftlinien nach der Mitte der Eisenoberfläche zusammen, wie man zunächst erwarten würde. Aber schon bei 30, noch mehr bei 150 mm Hub tritt ein deutliches Drängen der Kraftlinien nach außen, eine richtige Spitzenwirkung auf. Die Kraftlinien suchen nicht mehr auf dem nächsten Wege nach dem gegenüberliegenden Eisenpole zu kommen, sondern breiten sich aus, treten vor allem aus den Kanten und Ecken des Poles aus, so daß man schließen muß, daß sie in großem Bogen zum Gegenpole gelangen

Zahlentafel 7.

Verteilung der Induktion $\mathfrak{B}$ auf der Polfläche des Kernes I.

Spule Nr.	5 Ampere		30 Ampere			70 Ampere		
	5,5 mm	30 mm	5,5 mm	30 mm	150 mm	5,5 mm	30 mm	150 mm
1	10 240	3780	16 000	10 600	7130	18 450	14 100	12 150
2	10 820	3345	17 500	10 300	6030	20 620	14 900	11 800
3	10 350	3310	16 780	10 220	5820	19 800	14 450	11 400
4	10 350	3960	16 020	10 740	7410	18 850	15 000	12 600
5	10 620	3440	17 150	10 300	6230	20 200	14 500	11 600
6	11 020	3000	18 480	9540	5040	22 000	13 950	10 080
7	10 860	2940	18 150	9300	4920	21 700	14 300	10 000
8	10 310	3370	17 080	10 020	6080	20 200	14 750	11 600
9	10 420	3350	16 780	10 080	6050	19 600	14 250	11 440
10	10 820	2905	18 140	9300	4900	21 500	13 800	9840
11	10 680	2900	17 580	9140	4920	21 050	13 800	9780
12	10 180	3250	16 280	9730	5840	19 500	13 950	11 120
13	10 970	4160	16 000	11 020	7500	19 150	15 050	12 880
14	11 160	3490	17 900	10 430	6270	21 150	15 450	12 070
15	10 800	3400	17 310	10 380	6120	20 450	14 900	11 850
16	10 500	3990	16 150	10 720	7170	18 850	14 550	12 680

Zahlentafel 8.

Verteilung der Induktion $\mathfrak{B}$ auf der Polfläche des Kernes II.

Spule Nr.	5 Ampere		30 Ampere			70 Ampere		
	7,5 mm	30 mm	7,5 mm	30 mm	150 mm	7,5 mm	30 mm	150 mm
1	9220	4840	11 670	8900	6680	13 620	10 930	8940
2	9910	4710	12 900	9650	6800	15 000	11 900	9230
3	9680	4630	13 000	9600	6660	15 180	11 700	9030
4	8650	4490	11 600	8630	6280	13 600	10 450	8520
5	9260	4410	12 320	9420	6180	14 120	10 500	8880
6	9830	4140	13 940	9920	5610	16 100	12 450	8720
7	9680	4140	14 000	9860	5620	15 950	12 400	8670
8	8530	4210	12 380	9250	6150	14 220	11 340	8680
9	9400	4380	12 830	9600	5440	14 750	11 900	8800
10	9960	3690	14 280	9900	4560	16 450	12 350	8050
11	9680	4070	14 400	9830	4570	16 400	12 500	8330
12	8640	4210	12 860	9520	5450	14 620	11 800	8800
13	9700	4200	13 230	9130	4700	15 280	11 550	8520
14	9910	3850	14 500	9030	3710	16 780	11 770	7640
15	9590	3750	14 050	8900	3680	16 680	11 420	7500
16	8800	3960	12 780	8860	4530	15 290	11 130	8200
17	9360	3250	12 630	7050	3850	14 920	9800	7580
18	9660	2940	13 680	6720	3150	16 250	9800	6850
19	9360	2900	13 300	6700	3100	16 200	9600	6700
20	8450	3030	12 150	6650	3710	14 520	9400	7320
21	4820	2350	8 030	5300	3000	10 360	7750	6920
22	5020	2120	8 380	5260	2630	10 610	7640	5940
23	5000	2100	8 380	5260	2600	10 610	7600	5900
24	4700	2300	8 030	5300	3000	10 360	7700	6900

Zahlentafel 9.

Verteilung der Induktion $\mathfrak{B}$ auf der Polfläche des Kernes III.

Spule Nr.	5 Ampere		30 Ampere			70 Ampere		
	12 mm	30 mm	12 mm	30 mm	125 mm	12 mm	30 mm	125 mm
1	3510	1770	5 570	4080	1570	7 430	6 080	3840
2	3880	1720	6 080	3810	1370	8 140	6 170	3550
3	3900	1720	6 080	3900	1400	8 200	6 200	3600
4	3600	1770	5 570	4100	1600	7 500	6 100	3900
5	6380	2830	8 260	5360	2520	10 350	7 470	5040
6	7540	3040	10 110	5730	2300	11 980	7 650	4880
7	7900	3180	10 500	5830	2290	12 380	7 950	4950
8	7120	3140	9 780	5840	2750	11 550	8 080	5530
9	6860	4510	9 750	7520	3870	11 400	9 540	6190
10	7840	4840	11 170	8300	3510	12 920	10 430	5940
11	7790	4850	11 300	8200	3370	12 990	10 370	5810
12	7520	4830	10 020	7730	3970	11 720	9 500	6240
13	5740	4560	8 600	7340	3950	10 430	9 190	6030
14	6570	4830	9 750	7940	3610	11 520	9 960	5680
15	6640	4830	9 580	7920	3480	11 440	9 960	5730
16	6620	4920	8 960	7560	4070	10 530	9 340	6210
17	5520	4400	8 440	7260	4180	10 080	8 860	6010
18	6260	4630	9 100	7970	3870	11 480	9 960	5920
19	6470	4740	9 470	7980	3720	11 310	10 080	5930
20	6640	4950	9 340	7880	4550	11 030	9 730	6570
21	6460	4540	8 740	7430	4870	10 490	9 060	6610
22	7420	4700	10 320	7930	4590	11 880	9 810	6450
23	7500	4700	10 920	7900	4650	12 230	10 130	6500
24	7570	4960	9 960	7230	5020	10 860	9 220	6660
25	7100	4900	8 730	7600	5300	10 220	9 030	6900
26	7340	4880	9 640	7990	5140	10 980	9 610	6800
27	7820	5130	10 340	8290	5260	11 700	10 080	7130
28	7540	5000	9 500	7660	5360	10 560	9 070	6920
29	5780	4460	7 500	6720	5040	8 950	8 070	6460
30	6980	5080	9 010	7680	5450	10 380	9 190	6980
31	7280	5350	9 520	7950	5610	10 790	9 470	7200
32	7030	4920	8 570	7170	5350	9 180	8 420	6870
33	5570	4590	7 140	6420	5110	8 500	7 740	6430
34	6700	5300	7 950	7300	5400	9 340	8 340	6700
35	6900	5450	8 450	7370	5450	9 820	8 720	6790
36	6910	5280	8 410	6980	5410	8 570	8 260	6820

(eine Bestätigung dessen geben unten die aufgenommenen Streubilder, Fig. 23—30). Die Erklärung für die ganze Erscheinung liegt nahe. Der magnetische Kraftfluß stellt sich von selbst so ein, daß er den kleinsten Widerstand findet. Bei der Ausbreitung im Luftspalte wird der für den Kraftfluß vorhandene Querschnitt größer, so daß trotz größeren Luftweges der Gesamtwiderstand kleiner sein kann, als wenn alle Kraftlinien geradlinig übertreten[1]).

---

[1]) Untersuchungen über die Verteilung der Induktion auf Magneten sind in der Literatur kaum zu finden, trotzdem sie zu interessanten Schlüssen über das Wesen und die Art der Streuung führen könnten. Mir sind neben den mehrfach zitierten Untersuchungen Eulers nur zwei Stellen bekannt:

1. Hellmann, Der magnetische Widerstand von Lufträumen zwischen parallelen, quadratischen und rechteckigen Endflächen von Eisenkernen (Dissertation, Aachen 1910). Verfasser mißt mittels Prüfspule, Wechselstrom und Spiegelelektrodynamometer die Kraftflußverteilung nicht unmittelbar auf der Eisenoberfläche, sondern in der Mitte des Luftspaltes. Die Eisenfläche hat zufällig auch 6 × 6 qcm Größe. Dabei erhält er auch bei verhältnismäßig großem Luftspalte von 100 mm die größte Induktion in der Mitte d. h. ein Bild ähnlich Nr. 3 auf Fig. 18. Würde er direkt auf der Fläche gemessen haben, hätte er auch die Spitzenwirkung ermittelt; aber bis zur Mitte des Luftspaltes kehrt sich das Bild naturgemäß um, denn die aus den Spitzen austretenden Linien zerstreuen sich weiter, $\mathfrak{B}$ wird kleiner, während es innen über die ganze Länge des Luftspaltes seinen Wert behält.

Nun sagt aber S. P. Thompson an der unten zitierten Stelle wörtlich über die Messungen auf einem freien Magnetpol: „Es ist daher bei einer sehr geringen magnetisierenden Kraft ein großes Mißverhältnis zwischen der Anziehung in der Mitte und der an den Rändern Mit einer sehr großen magnetisierenden Kraft erhält man nicht das gleiche ungünstige Verhältnis, weil, wenn der Rand schon stark gesättigt ist, man durch Anwendung stärker magnetisierender Kraft seine Magnetisierung nicht wesentlich vermehren kann, aber durch

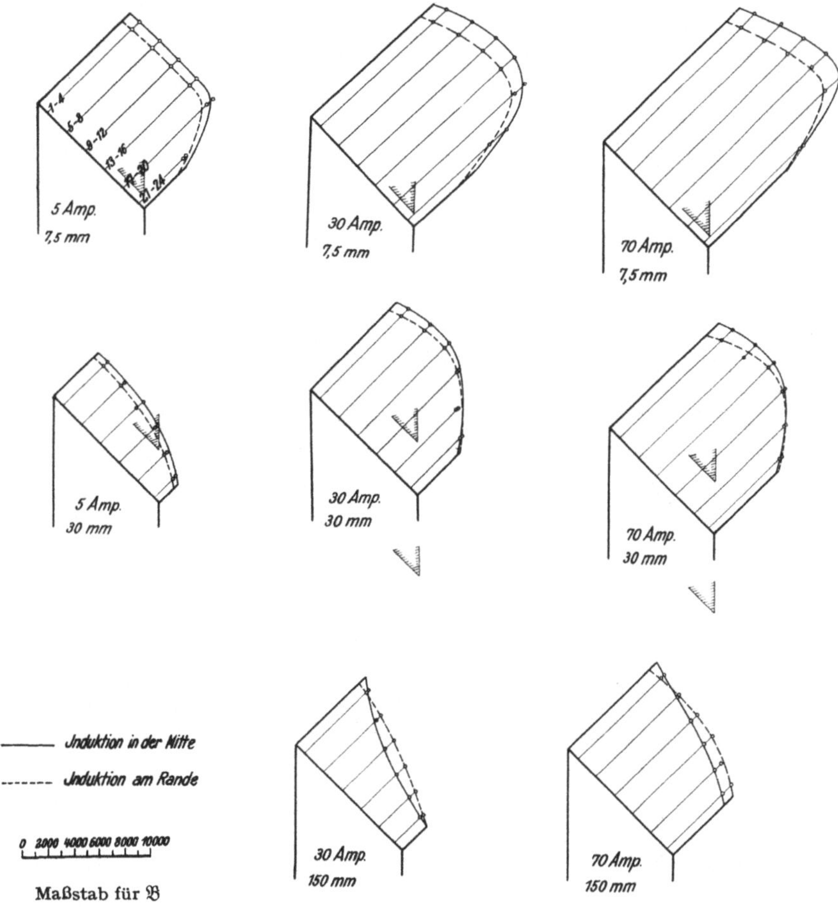

Fig. 19. Verteilung der Induktion $\mathfrak{B}$ auf der Polfläche des Kernes II.

2. S. P. Thompson, a. a. O., S. 132 ff., spricht ausführlich über die Verteilung der Kraftlinien auf der Oberfläche, wobei er allerdings nur Stab-Elektromagneten im Auge hat. Bei den Versuchen, die er hier beschreibt, wurde immer Eisen (meist kleine Eisenkugeln) auf die Polfläche gebracht, wodurch natürlich das Feld, das erst gemessen werden sollte sofort verändert wurde. Qualitativ bleiben seine Resultate aber richtig. Er beschreibt eingehend Versuche, die Vom Kolke, kurz nach 1850 gemacht und in Pogg. Ann. Bd. 81 veröffentlicht hat, und bei denen die auf eine Kugel an verschiedenen Stellen der Oberfläche ausgeübte Zugkraft gemessen wurde. Stets nahm die Kraft von innen nach außen zu. Th. erwähnt dann noch als hübsches Experiment: eine polierte, kleine eiserne Kugel, die man auf die glatte Polfläche eines Magneten legt, rollt so weit, daß ihre Mitte senkrecht über dem Rande der Polfläche steht.

die Mitte noch mehr Kraftlinien hindurchtreiben kann. Stellt man die Ergebnisse einer Reihe von Versuchen über die Anziehung an verschiedenen Punkten zeichnerisch dar, so nähern sich die erlangten Kurven bei größeren magnetisierenden Kräften mehr einer Graden, als jene Kurven, die mit geringer, magnetisierender Kraft erlangt werden". Setzt man in diesen Worten „Induktion" für „Anziehung" und „Strom" für „magnetisierende Kraft", so hat man beinahe eine Beschreibung der Fig. 18 vor sich. Daraus folgt,

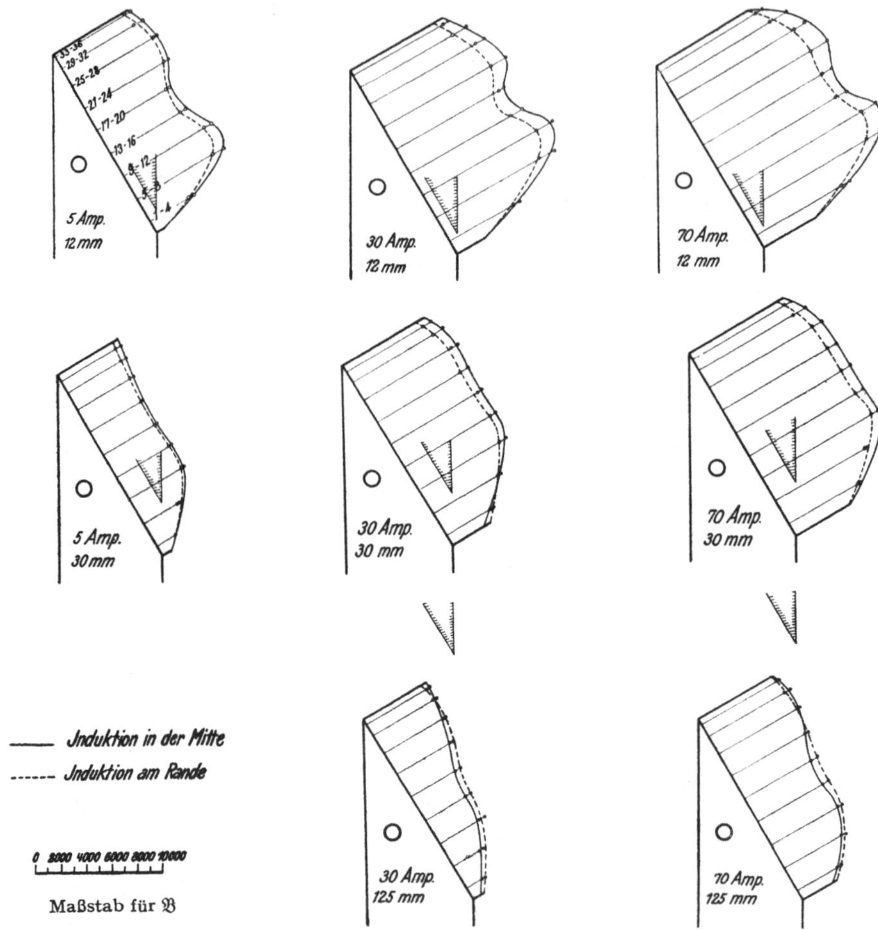

Fig. 20. Verteilung der Induktion $\mathfrak{B}$ auf der Polfläche des Kernes III.

daß die Verteilung der aus der Polfläche eines Magneten austretenden Kraftlinien in annähernd gleicher Weise erfolgt, wenn der Gegenpol in einiger Entfernung gegenübersteht, wie wenn er sich gar nicht gegenüber, sondern am entgegengesetzten Ende desselben Magnetstabes befindet.

Jetzt gelingt auch die Deutung der Figuren 19 und 20. Bei Kern II liegt bei stärkerer Sättigung, also kleinerem Hube, das Maximum der Induktion in der Mitte; nach der Seite hin, wo die Polfläche mit der Seitenfläche des Kernes den stumpfen Winkel bildet, nimmt die Induktion stark ab. An dieser Stelle ist senkrecht gegenüber der Polfläche kein Eisen vorhanden (vgl. die eingezeichnete Spitze des Gegenpols), der Luftweg für die hier austretenden Kraftlinien ist also groß. — Erst bei 150 mm Hub zeigt sich die Einsattelung der Kurve; dabei bleibt an der Spitze die größte Induktion, und auch in der zur Zeichenebene senkrechten Ebene tritt hier, an der Stelle größter Sättigung, die Einsenkung nach der Mitte nicht ein: ganz entsprechend den obigen Sätzen Thompsons,

Bei Kern III ergibt sich dasselbe Bild, das nur durch die auffallenden Einsenkungen in der Mitte der Fläche getrübt wird. Diese Erscheinung ließ zuerst Meßfehler vermuten, bis sie sich sehr einfach aufklärte: der in die Figuren eingezeichnete isolierte Niet, der nur 15 mm von der Polfläche entfernt sitzt, drängt die Induktionslinien zur Seite. Auf dem kurzen Wege bis zur Polfläche schließen sich die Linien nicht mehr zusammen, und wahrscheinlich bleibt über die ganze Länge des Luftspalts hin die Verteilung im Querschnitt ähnlich, weil unter der gegenüberliegenden festen Polfläche ein gleicher Niet in symmetrischer Anordnung liegt. — Von der also erreichten sehr ungleichmäßigen Verteilung von $\mathfrak{B}$ konnte man am leichtesten einen Einfluß auf die Zugkraft erwarten.

b) Der Einfluß der ungleichmäßigen Verteilung des Kraftflusses auf die nach der „Maxwellschen Formel" berechnete Zugkraft.

Zu untersuchen bleibt jetzt noch, wie weit sich der mit Hilfe der „Maxwellschen Formel" errechnete Wert der Zugkraft ändert, je nachdem man die ungleichmäßige Verteilung von $\mathfrak{B}$ berücksichtigt oder nicht.

Die auf die Fläche jeder Prüfspule wirkende Teil-Zugkraft z kann aus den schon ermittelten Werten $\mathfrak{B}$ und F_w (vgl. Zahlen-Tafeln 5 und 6) errechnet werden:

$$z = \left(\frac{\mathfrak{B}}{1000}\right)^2 \cdot \frac{F_w}{24{,}65} \cdot \sin\varphi \ \mathrm{kg} \ [1]$$

$\sin\varphi$ ist einzusetzen, da $\mathfrak{B}$ und F_w in der Ebene der Polfläche gemessen werden, während nach außen von der gesamten senkrecht zur Eisenoberfläche wirkenden Zugkraft nur die Komponente parallel zur Zugrichtung in Wirksamkeit tritt. — Die Werte z sind in der letzten Spalte der Zahlentafel 5 angegeben; ihre Summe, Σz, ist die gesamte Zugkraft, berechnet nach der „Maxwellschen Formel" mit Berücksichtigung der ungleichmäßigen Verteilung der Induktion [2].

Addiert man dagegen die sämtlichen gemessenen Einzelkraftflüsse der Prüfspulen (unter Berücksichtigung der Faktoren d und r der Zahlentafel 6), so erhält man den Gesamtkraftfluß $\Sigma\Phi$, und daraus $\mathfrak{B}_m$, die mittlere Induktion auf der ganzen Polfläche. Die daraus berechnete Zugkraft:

$$Z_M = \left(\frac{\mathfrak{B}_m}{1000}\right)^2 \cdot \frac{F_w}{24{,}65} \cdot \sin\varphi \ \mathrm{kg}$$

berücksichtigt die ungleichmäßige Verteilung von $\mathfrak{B}$ nicht.

Zahlentafel 10 enthält die Werte $\Sigma\Phi$, $\mathfrak{B}_m$, Z_M und Σz für die $3 \times 8 = 24$ untersuchten Fälle; die letzte Spalte enthält die Abweichung von Σz gegenüber Z_M. Σz muß, wie oben (S. 8) besprochen, größer als Z_M sein; der Unterschied ist aber, wie die letzte Spalte zeigt, so gering, daß er gegenüber den großen Abweichungen, die die nach der „Maxwellschen Formel" ermittelte Zugkraft von der Wirklichkeit zeigt, und die im nächsten Abschnitte ermittelt sind, gar nicht in Betracht kommt. Die größten Fehler, von mehr als 5 %, treten da auf, wo auch die erwähnten Abweichungen am größten werden und Beträge bis 400 % erreichen (vgl. Tafel 2—4). Deshalb wurde im weiteren Verlaufe der Untersuchung

---

[1] φ ist der in Fig. 1 eingezeichnete Winkel zwischen Polfläche und Zugrichtung.

[2] Ganz genau ist das so erhaltene Resultat nicht; richtig wäre es, nicht mit Σz sondern mit $\int dz$ zu rechnen, ein Wert, den man graphisch hätte ermitteln können. Bei der hier gewählten Unterteilung der Polfläche konnte aber die Abweichung zwischen Σz und dem richtigen Werte vernachlässigt werden.

auf die ungleichmäßige Verteilung der Induktion keine Rücksicht mehr genommen, sondern nur noch mit der mittleren Induktion gerechnet.

Spalte 4 der Tafel 10 gibt übrigens noch eine Kontrolle für die Genauigkeit der Messung mittels der einzelnen Spulen. Φ_0 ist der durch die Spule o gemessene Gesamtfluß, der von der (korrigierten) Summe der Einzelflüsse nur um maximal 4 % abweicht[1]).

Zahlentafel 10.

Einfluß der ungleichmäßigen Verteilung des Kraftflusses.

Kern	Strom Amp.	Hub mm	Φ_0	$\Sigma\,\Phi$	$\mathfrak{B}_m$	Z_M kg	$\Sigma\,z$ kg	$\dfrac{\Sigma z - Z_M}{\Sigma z}\cdot 100$ %
I	5	5,5	—	375 500	10 630	162,0	162,0	0
	5	30	—	120 500	3 420	16,8	16,85	+ 0,3
	30	5,5	—	602 000	17 000	414	421,9	+ 1,9
	30	30	—	356 000	10 050	145	146,8	+ 1,2
	30	150	—	214 000	6 050	52,6	56,4	+ 6,7
	70	5,5	—	712 000	20 100	580	584,4	+ 0,8
	70	30	—	509 000	14 380	297	300,1	+ 1,0
	70	150	—	403 000	11 400	186	188,2	+ 1,2
II	5	7,5	451 000	441 000	8 820	111,5	114,7	+ 2,8
	5	30	195 500	189 300	3 790	20,6	21,2	+ 2,8
	30	7,5	631 000	628 000	12 560	226	228,4	+ 1,0
	30	30	422 000	421 000	8 420	101,5	105,0	+ 3,3
	30	150	243 000	238 000	4 760	32,4	34,9	+ 7,2
	70	7,5	743 000	737 000	14 740	311	315,6	+ 1,5
	70	30	550 000	542 000	10 840	168	170,1	+ 1,2
	70	150	403 000	401 000	8 020	92	93,7	+ 1,8
III	5	12	469 000	459 000	6 500	60,3	63,3	+ 5,0
	5	30	307 000	296 000	4 190	25,2	27,1	+ 7,0
	30	12	643 000	636 000	9 100	118	119,8	+ 1,5
	30	30	503 000	491 000	6 950	69,0	70,9	+ 2,7
	30	125	277 000	269 000	3 820	20,8	23,3	+ 12,0
	70	12	757 000	750 000	10 610	161	165,4	+ 2,7
	70	30	625 000	621 000	8 790	110	113,7	+ 3,4
	70	125	422 000	413 000	5 850	48,9	50,7	+ 3,7

c) Die Kurven der „berechneten Zugkraft".

Es konnten also jetzt Kurven der „berechneten Zugkraft" aufgestellt werden. Für jede Stromstärke und Stellung der Kerne II und III bei der die Zugkraft gemessen war, wurde auch der die Polfläche durchsetzende Gesamt-Kraftfluß Φ_0 gemessen. Benutzt wurden dabei die die ganze Polfläche umfassenden Prüfspulen O, aus einer Windung bestehend. Aus Φ_0 ergab sich $\mathfrak{B}_{mittel}$[2]) und, da die ungleichförmige Verteilung jetzt zu vernachlässigen war:

$$Z_M = \left(\frac{\mathfrak{B}_m}{1000}\right)^2 \cdot \frac{F_w}{24{,}65} \cdot \sin\varphi\ \text{kg}.$$

Die Werte von Z_M sind in Tafel 2—4 schon eingetragen und zwar unter den zugehörigen gemessenen Werten Z_g. In Fig. 21 ist das Ergebnis dieser Messungen graphisch dargestellt; für jeden der drei Kerne ist Z_g und Z_M als Funktion des Hubes bei großer und kleiner Stromstärke aufgetragen.

An dieser Stelle sei das Resultat nur kurz zusammengefaßt, da es weiter unten im Abschnitt V, für weitere Ableitungen benutzt und dabei ausführlich erörtert werden wird:

1. Z_M ist kleiner als Z_g, d. h. die „Maxwellsche Formel" gibt durchgehend zu kleine Werte, ein Resultat, das mit dem fast aller früheren Autoren übereinstimmt.

---

[1]) Bei Kern I mußte diese Kontrollmessung leider unterbleiben, da hier die außen um die Oberfläche gelegte Prüfspule o mehrfach zerriß.

[2]) Nur bei Kern I wurde aus dem in der vorigen Anmerkung angeführten Grunde $\mathfrak{B}_m$ nicht aus Φ_0, sondern aus dem nur wenig abweichenden $\Sigma\,\Phi$ (vgl. Zahlentafel 10) errechnet.

2. Die Abweichung wächst mit der Größe des Hubes. Dieses Resultat ist entgegengesetzt dem von Euler[1]) gefundenen, ein Punkt, der unten noch erörtert werden wird.

3. Die Abweichung ist umso größer, je spitzer der Winkel ist. Daraus kann man schon schließen, daß die „Maxwellsche Formel" unter anderem deswegen nicht stimmt, weil die Bedingungen, unter denen sie zutrifft, um so weniger erfüllt sind, je kleiner der Winkel zwischen Polfläche und Zugrichtung ist.

4. Die Differenz $Z_g - Z_M$ wächst mit dem Strome, ist diesem sogar annähernd proportional. (Vgl. S. 68.)

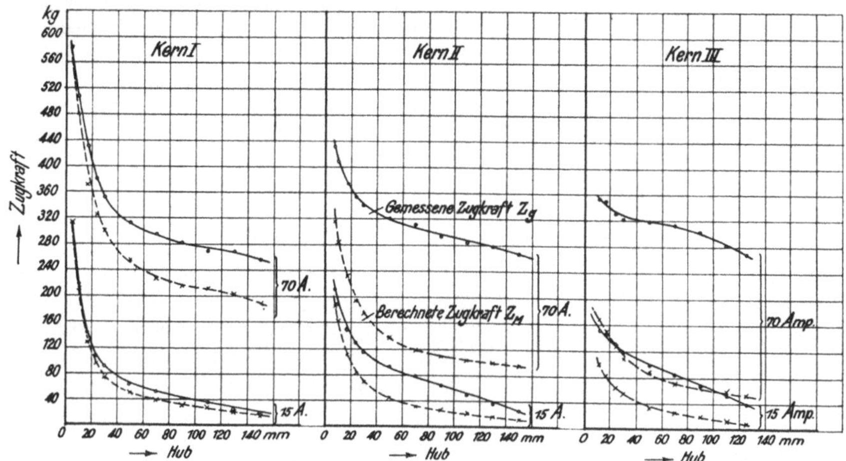

Fig. 21. Vergleich zwischen gemessener und nach der „Maxwellschen Formel" berechneter Zugkraft (Z_g und Z_M).

3. Messung der Streuung und Bestimmung des Kraftlinienverlaufes.

Es mögen gleich hier noch einige weitere Versuche angeschlossen werden, die für die Ableitungen m nächsten Abschnitte (V) erforderlich wurden, und zwar zunächst die Bestimmung der Streuung und des Kraftlinienverlaufes, die für den Magneten mit geradem Kern (Nr. I) vorgenommen wurde.

Zu diesem Zwecke wurden einzelne Prüfspulen, bestehend aus je einer Windung des 0,1 mm-Drahtes, direkt um den Eisenkörper an den in Fig. 22 bezeichneten Stellen gelegt; Spule 1 bis 3 liegen in feinen in den Kern geritzten Nuten, Spule 4 ist auf eine Preßspanplatte von 0,5 mm gewickelt, die auf die Polfläche des Joches aufgeklebt wurde. Da der Magnet bei Verwendung von Kern I ssymmetrisch ist, so genügte die Anordnung der Prüfspulen 6—10 auf einem Schenkel.

Die Widerstände der Spulen wurden gemessen und dann der jede Spule durchsetzende Kraftfluß entsprechend den früheren Messungen mittels ballistischen Galvanometers bestimmt. Geht nun durch eine Spule, z. B. 6, der Kraftfluß Φ_6, durch die benachbarte der Kraftfluß Φ_7, so tritt zwischen 6 und 7 die Differenz $\Phi_6 - \Phi_7$ seitlich als Streufluß in das Eisen ein bezw. aus, je nach der willkürlich, aber eindeutig angenommenen Richtung des Hauptkraftflusses.

Um die auf diese Weise ermittelten Streuflüsse auf der Zeichnung so darstellen zu können, daß man sich von ihrem Verlauf ein Bild machen kann, waren einige Vereinfachungen nötig. Die Streuflüsse treten natürlich allseitig aus dem Eisen aus, auch ganz nach außen laufen von den Schenkeln aus einige der gemessenen Linien, um sich in großem

---

[1]) a. a. O. S. 77 f.

Bogen außen herum zu schließen (Fig. 22, Streufluß a). Sicher ist aber, daß der allergrößte Teil der Streulinien in den Innenraum des Magneten eintritt und auf möglichst kurzem Wege wieder zum Eisen gelangt (b), daß ferner nur ein kleiner Teil (c), den man als Stirnstreuung bezeichnen kann, aus der oberen oder unteren Eisenfläche austritt. Man macht also keinen allzu großen Fehler, wenn man so zeichnet, daß der gesamte Streufluß im Innenraum des Magneten verläuft.

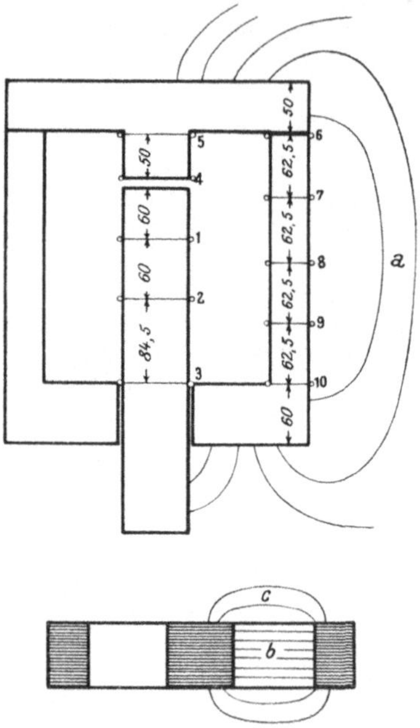

Nach den ersten Messungen ergab sich aber, daß von dem innerhalb der Spule erzeugten Kraftflusse nur ein Teil durch die Schenkel des Magneten zurückfloß. War in Spule 5 ein Kraftfluß Φ_5, gemessen, so ging nicht die Hälfte, sondern nur etwa 50—60 % dieser Hälfte durch Spule 6, und es stellte sich schließlich heraus, daß der Rest durch die Stehbolzen, die den Magneten zusammenhalten, und vor allem durch die starken U-Eisen des Gestelles seinen Weg nahm, trotz der 2 mm starken Preßspan-Zwischenlagen zwischen dem Magnetkörper und den in Fig. 3 mit e bezeichneten Eisen. Nachdem diese Eisen durch Holzklötze von $4,0 \times 6,0$ qcm Querschnitt ersetzt worden waren (vgl. Fig. 2), war hier der magnetische Nebenschluß unterbunden, und es zeigte sich, daß der jetzt das Gestell durchlaufende Kraftfluß nur noch verschwindend klein war. Gleichzeitig wurde festgestellt, daß die Zugkraft und auch der Kraftfluß im Kerne durch diesen Umbau sich nicht geändert hatte.

Noch immer gingen aber bis 25 % des Flusses durch die beiden den Schenkeln parallelen Bolzen, so daß nichts übrig blieb, als mittels dreier auf einem Bolzen angebrachten neuen Prüfspulen diesen Fluß Φ' in jedem Falle mitzumessen. Diese drei

Fig. 22. Anordnung der Prüfspulen zur Messung der Streuung.

neuen Prüfspulen lagen senkrecht über den Spulen 6, 8 und 10. Für die Aufzeichnung der Streubilder (aber natürlich nicht für die Berechnung der Induktion) wurde dann angenommen, daß $\Phi + \Phi'$ in den Schenkeln fließe. Die Streubilder sind also, da sie Stirnstreuung und Streuung nach den außen liegenden Bolzen mit umfassen, so gezeichnet, als wenn der gesamte überhaupt vorhandene Streukraftfluß innerhalb des Fensterraumes des Magneten und in einer Ebene verlaufe.

Ausgeführt wurde die Messung wieder für dieselben 8 Fälle wie oben. Die Resultate sind in Zahlentafel 11 zusammengefaßt und in Fig. 23 bis 30 graphisch dargestellt, und zwar ist nur eine Hälfte des in jeder Beziehung als symmetrisch angesehenen Magneten gezeichnet. Die Figuren ließen sich an Hand der gemessenen Zahlen nicht ganz eindeutig zeichnen, sind aber trotz dieses Umstandes und trotz der vielen besprochenen Vernachlässigungen, doch wohl in großen Zügen richtig.

Legt man für den Verlauf des Hauptkraftflusses die Richtung vom Pole des beweglichen Kernes zum festen Pole am Joche zugrunde, so deuten die in die einzelnen Kraftröhren gezeichneten Pfeile die Richtung des Streuflusses an, die eingesetzten Zahlen geben die Größe jedes Teilflusses in $\Phi/1000$. Besonders auffallend ist der Streufluß, der den Luftspalt umschließt. Schon bei 30 mm Hub erreicht er fast die Größe des zwischen den eigentlichen Polflächen übertretenden Hauptkraftflusses, um ihn bei 150 mm in einem Falle sogar zu übertreffen. Wenn also oben (S. 27) festgestellt werden konnte, daß besonders bei großem Hube die Kraft-

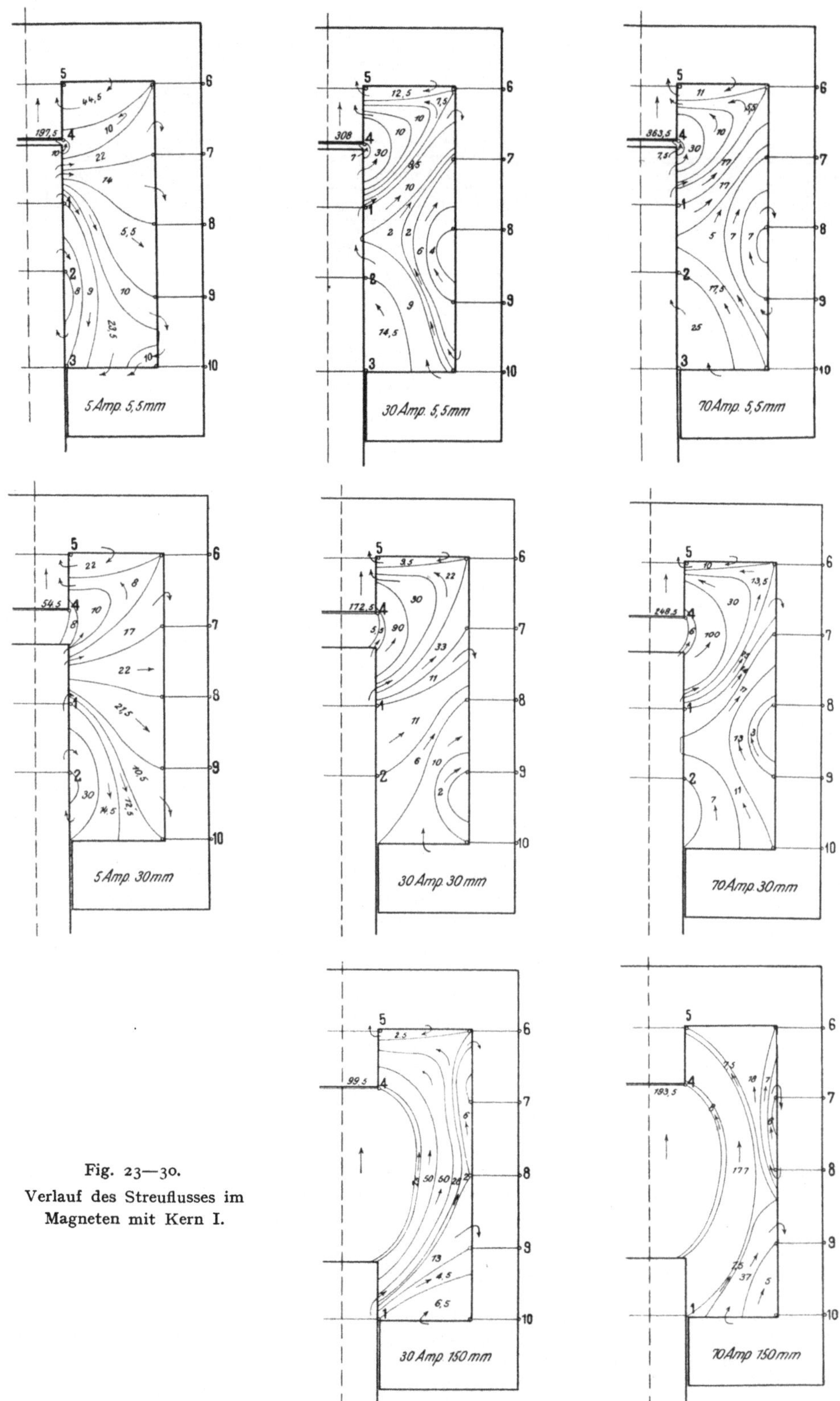

Fig. 23—30.
Verlauf des Streuflusses im
Magneten mit Kern I.

Zahlentafel 11.

Messung der Streuung am Magneten mit Kern I.

Strom:	5 Ampere				30 Ampere						70 Ampere					
Hub:	5,5 mm		30 mm		5,5 mm		30 mm		150 mm		5,5 mm		30 mm		150 mm	
Spule Nr.	$\Phi+\Phi'$ $\cdot 10^{-3}$	$\mathfrak{B}$	$\Phi+\Phi'$ $\cdot 10^{-3}$	$\mathfrak{B}$	$\Phi+\Phi'$ $\cdot 10^{-3}$	$\mathfrak{B}$	$\Phi+\Phi'$ $\cdot 10^{-3}$	$\mathfrak{B}$	$\Phi+\Phi'$ $\cdot 10^{-3}$	$\mathfrak{B}$	$\Phi+\Phi'$ $\cdot 10^{-3}$	$\mathfrak{B}$	$\Phi+\Phi'$ $\cdot 10^{-3}$	$\mathfrak{B}$	$\Phi+\Phi'$ $\cdot 10^{-3}$	$\mathfrak{B}$
Str. 1	565	16 000	328	9 300	750	21 200	728	20 600	509	14 400	852	24 100	846	23 900	757	21 450
,, 2	599	17 000	417	11 800	752	21 250	750	21 200	—	—	851	24 100	860	24 400	—	—
,, 3	583	16 500	—	—	723	20 500	—	—	—	—	801	22 700	—	—	—	—
,, 4	395	11 200	109	3 090	616	17 450	345	9 770	199	5 630	727	20 600	497	14 100	387	10 950
,, 5	504	14 300	205	5 820	756	21 400	659	18 650	475	13 450	840	23 800	816	23 100	772	21 800
,, 6	194 +13,5	8 250 —	75,6 + 4,7	3 220 —	333 +32,5	14 100 —	296 +24	12 600 —	218 +17	9 250 —	376 +33	16 000 —	368 +30	15 600 —	365 +39	15 500 —
,, 7	210 +19,5	8 920 —	88 + 9,5	3 730 —	343 +46	14 550 —	314 +39	13 300 —	222 +21	9 400 —	396 +52	16 800 —	387 +50	16 450 —	367 +50	15 600 —
,, 8	218 +25,5	9 250 —	105 +14,5	4 450 —	340 +59	14 400 —	327 +54	13 900 —	212 +25	9 000 —	390 +72	16 600 —	393 +71	16 700 —	349 +62	14 800 —
,, 9	222 +27	9 430 —	122 +19	5 150 —	336 +59	14 250 —	336 +57	14 300 —	221 +29	9 350 —	386 +69	16 400 —	392 +69	16 600 —	359 +64	15 250 —
,, 10	220 +29	9 350 —	126 +25,5	5 350 —	328 +59	13 900 —	331 +60	14 100 —	228 +33	9 650 —	377 +66	16 000 —	381 +67	16 400 —	363 +65	15 400 —

linien sich an den Ecken der Polfläche zusammendrängen, so sieht man jetzt, daß diese Spitzenwirkung auch an den der Zugrichtung parallelen Seitenflächen des Kernes auftritt, daß ein beträchtlicher Teil des Gesamtflusses seitlich aus dem Kerne herausgedrängt wird, daß also die Sättigung im Kerne stellenweise erheblich höher ist als auf der Polfläche. Im übrigen zeigen die Streubilder viel Ähnlichkeit mit den von Euler aufgestellten[1]); trotz der geometrisch so einfachen Form des Magneten ist der Verlauf der Kraftlinien doch so unregelmäßig, daß man ihn auch nicht entfernt im voraus angeben könnte.

4. Zugkraft und Kraftfluß des Magneten ohne Gegenpol.

Eine weitere Versuchsreihe wurde vorgenommen, nachdem das obere Eisenjoch des Magneten einschließlich des Polansatzes durch Holz ersetzt war. Der Polfläche des Kernes stand in allen drei Fällen nun keine Eisenfläche mehr gegenüber, das Verhalten des Magneten mußte also ein ganz anderes werden, da die anziehende Wirkung des Gegenpoles fehlte. Es war zu erwarten, daß die Zugkraftkurven sich mehr der Form näherten, die auftritt, wenn ein einfaches Solenoid einen Eisenkern in sich hineinzieht. Ferner war es von Interesse, nachdem an der einen Magnetform: Polwinkel, Hub und Stromstärke verändert worden waren, ähnliche Versuche auch noch an einem ganz anders gestalteten Magneten zu machen. Das wurde auf diese Weise erreicht.

Es wurden mit allen drei Kernen die Zugkraft und der Kraftfluß auf der Polfläche gemessen. Die Messung der Zugkraft Z_{sg} machte etwas mehr Schwierigkeiten als beim normalen Magneten, weil der hier mehr hervortretende seitliche Zug die Reibung stark vermehrte. Gemessen wurde bei denselben Hüben und Stromstärken, wie oben, und mit allen drei Kernen; nur bei 5 Amp. war wegen allzu kleiner Zugkraft die Messung zu ungenau.

Ebenso wurde mit Hilfe der Spulen o die Messung des Kraftflusses und der mittleren Induktion $\mathfrak{B}_m$ genau wie vorher vorgenommen. Auch hier wurde nun mit der „Maxwellschen Formel" aus $\mathfrak{B}_m$ die Zugkraft Z_{sM} berechnet, trotzdem man annehmen kann, daß diese Formel hier, wo der Eisenfläche des Poles kein Eisen gegenübersteht, noch weniger

---

[1]) Euler a. a. O., S. 52, 53. Die dort gezeichneten Streubilder sind mit viel größerer Genauigkeit aufgenommen, geben auch ein viel besseres Bild der wirklichen Feldverteilung, da der untersuchte Magnet ein Rotationskörper war, die Kraftröhren sich also in einer Zeichenebene eindeutig darstellen ließen.

anwendbar ist, als beim ursprünglichen Magneten. Die Rechnung wurde aber doch vorgenommen mit Rücksicht auf die Ableitungen im letzten Abschnitte. (VI).

In Zahlentafel 12—14 und Fig. 31—33 sind die Ergebnisse zusammengestellt. Die obere von je zwei zusammengehörigen Zahlen in den Zahlentafeln ist die am Dynamo-

Kern I.

Kern II.

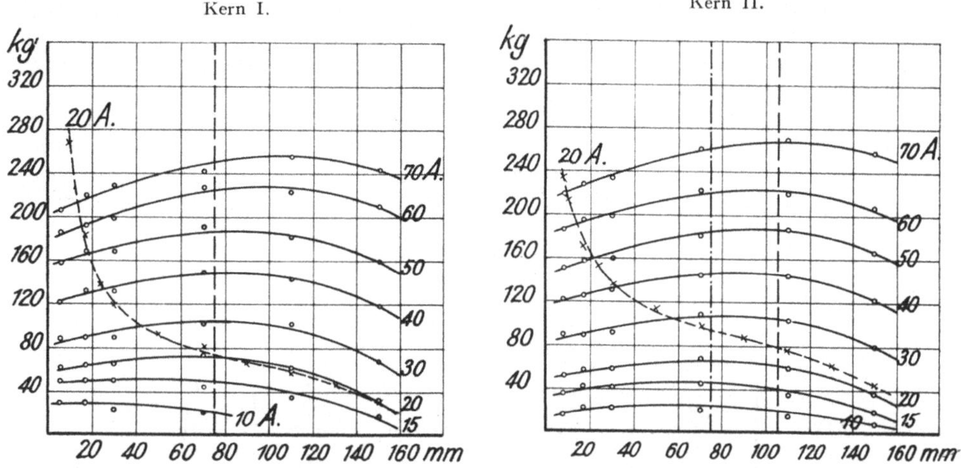

Fig. 31.

Fig. 32.

Kern III.

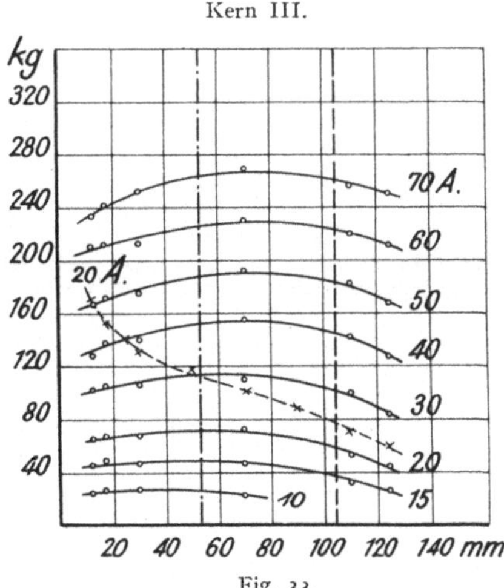

Fig. 33.

Zugkraft des Magneten ohne Gegenpol (Z_{sg}, gemessen) abhängig vom Hube für verschiedene Magnetisierungsstromstärken.

meter abgelesene Zugkraft Z_{sg}, die untere die berechnete Zugkraft Z_{sM}. Ein Vergleich der zusammengehörigen Zahlen läßt erkennen, daß die prozentualen Abweichungen noch viel größer sind, als bei den früheren Messungen. Das war zu erwarten, da ja nur ein kleiner Teil des Gesamtflusses durch die Polfläche austritt; immerhin wurden auch bei diesen Messungen noch Induktionen bis 12000 auf der Polfläche erreicht.

Die Zugkraftkurven der Fig. 31—33 zeigen das erwartete Bild, die Form, wie sie Underhill[1]), Steil[2]) und andere für das „Einsaugen" von Kernen in Solenoide gemessen haben. Ein Maximum der Zugkraft tritt dann ein, wenn die Polfläche etwa in der Mitte der Spule sich befindet (die gestrichelten senkrechten Linien in Fig. 31—33 geben die Stelle an, wo die Spitze des Kernes in der Spulenmitte steht, an den strichpunktierten Linien fallen die Mitte von Polfläche und Spule zusammen). Ferner nimmt, was auch Underhill (a. a. O. S. 86ff.) hervorhebt, die Zugkraft nahe proportional der Stromstärke zu. Besonders auffallend ist in unserem Falle noch, daß die Polform fast ohne Einfluß auf die Zugkraft ist.

Zum Vergleich sind die Zugkraftkurven für 20 Amp. des ursprünglichen Magneten hier mit eingezeichnet. Bei großem Hube fallen die entsprechenden Kurven fast zusammen, je kleiner aber der Hub ist, um so steiler steigen die Kurven des Magneten mit Eisenjoch an, um so stärker zeigt sich die Wirkung des gegenüberstehenden Poles, des besseren Eisenweges für den Kraftfluß.

Zahlentafel 12.

Zugkraft des Magneten ohne Gegenpol mit Kern I.

Hub mm:	5,5	17	30	70	110	150
10 Amp.	29,5	30	25	22	—	—
	19,1	19,3	19,5	16,5	10,8	5,7
15 Amp.	50	50	51	45,5	36	17
	31,5	32,5	33,0	32,6	24,4	13,0
20 ,,	62,5	64,5	66	73	60,5	32
	42,2	43,7	45,7	47,6	41,0	23,0
30 ,,	88	90	90	103	102	69
	65	67,2	70,5	75,1	74,2	50,2
40 ,,	122	132	132	150	144	118
	86,2	90,8	96,7	105	106	86,8
50 ,,	159	168	169	191	182	161
	112	118	123	136	138	123
60 ,,	186	192	199	228	224	210
	136	141	149	166	170	164
70 ,,	206	220	229	242	256	244
	161	167	180	20 0	207	195

Zahlentafel 13.

Zugkraft des Magneten ohne Gegenpol mit Kern II.

Hub mm:	7,5	17	30	70	110	150
10 Amp.	17	25,5	24	22,5	17	10
	11,8	12,0	11,9	10,4	6,6	4,2
15 ,,	45	44	43	46	37	22
	18,1	18,5	19,3	19,0	14,9	7,2
20 ,,	54	59	59	70	62	39
	24,0	24,6	25,6	26,6	24,2	13,3
30 ,,	91	91	93	110	105	81
	34,0	35,5	36,5	39,5	39,0	28,6
40 ,,	123	126	132	147	145	123
	43,3	44,5	46,1	50,7	51,9	44,0
50 ,,	152	158	161	183	188	168
	51,9	53,8	56,8	61,1	62,0	57,4
60 ,,	188	196	200	225	220	208
	61,0	63,0	67,5	72,9	76,0	70,0
70 ,,	220	230	235	262	270	258
	70,5	74,2	77,3	86,8	90,5	81,8

[1]) Underhill, Solenoids, Electromagnets and Electromagnetic Windings, London 1910, S. 86ff.

[2]) Steil, Untersuchungen über Solenoide und über ihre praktische Verwendbarkeit für Straßenbahnbremsen. Dissert. Berlin 1911.

Zahlentafel 14.

Zugkraft des Magneten ohne Gegenpol mit Kern III.

Hub mm:	12	17	30	70	110	125
10 Amp.	26	27	28	23	—	—
	9,1	8,9	8,8	6,8	4,0	3,0
15 ,,	46	50	48	47	33	27
	13,6	13,2	13,5	12,3	8,2	6,2
20 ,,	66,5	67	68	72	53	45
	17,0	16,9	17,2	16,8	12,6	10,0
30 ,,	103	106	107	114	100	84
	23,4	23,3	23,8	24,5	21,3	17,2
40 ,,	128	138	140	155	142	128
	28,8	28,8	29,7	31,2	29,1	25,1
50 ,,	168	172	175	192	183	168
	34,5	34,4	35,6	37,9	35,7	31,6
60 ,,	211	212	213	230	220	212
	38,8	38,8	40,0	43,0	41,5	37,5
70 ,,	234	242	252	270	257	251
	44,9	44,5	46,2	50,2	48,2	44,2

In Zahlentafel 12—14 gehören zu jeder Stromstärke zwei Zeilen; die Zahlen der oberen Zeile bedeuten die gemessene Zugkraft Z_{sg} in kg, die Zahlen der unteren Zeile die aus den Kraftflußmessungen nach der „Maxwellschen Formel" berechnete Zugkraft Z_{sM} in kg.

V. Vergleich der Versuchs-Ergebnisse mit der Theorie und Untersuchung des Geltungsbereiches der „Maxwellschen Formel"[1].

1. Berechnung der Zugkraft aus der magnetischen Energie.

Das Ergebnis der Versuche ist also in bezug auf die „Maxwellsche Formel" bisher negativ. Die Formel gibt die Zugkräfte mehrfach so klein an, daß die wahren Kräfte bis zu 400 % größer als die errechneten sind, und dies Ergebnis ändert sich auch nur wenig, wenn man die ungleichmäßige Verteilung des Kraftflusses in der Rechnung berücksichtigt.

a) Darstellung der mechanischen Arbeit und der Zugkraft aus der Energie.

Nun gibt es aber einen Weg, auf dem man, von dem Gesetz von der Erhaltung der Energie ausgehend, die Zugkraft eines Magneten einwandfrei darstellen und ermitteln kann. Dieser Weg, dessen Richtigkeit auch schon experimentell nachgewiesen worden ist, soll im folgenden erläutert und an der Hand der obigen Versuchsergebnisse noch einmal kurz geprüft werden. Weiter wird sich dann zeigen lassen, welche Vernachlässigungen gegenüber den allgemeinen Verhältnissen zu machen sind, damit man auf eine der „Maxwellschen" entsprechende Zugkraftformel kommt. In diesen Sonderfällen gibt die Maxwellsche Formel dann richtige Werte.

Cohn[1] hat als erster im Jahre 1900 aus den erweiterten Maxwellschen Grundgleichungen für das magnetische Feld die Folgerungen gezogen. Er stellte Sätze auf über die mechanischen Spannungen und über die Beziehungen zwischen Arbeit und Energie, wenn im Felde Eisenkörper sich befinden, für die die Feldstärke und die Induktion nicht mehr proportional, für die also $\mu = \mathfrak{B}/\mathfrak{H}$ nicht

---

[1] Literatur für dies Kapitel: Cohn, das elektromagnetische Feld, Leipzig 1900, Emde und Jasse, vgl. S. 5, Anm. 1, Schiemann, die mechanische Arbeitsleistung von Hubmagneten nach dem Gesetz von der Erhaltung der Energie. Z. f. E. Wien, 1905 S. 483.

mehr konstant ist[1]). Diese in der Sprache des theoretischen Physikers gehaltenen und daher für den Praktiker sehr schwierigen Ableitungen sind von E m d e analytisch und graphisch erläutert worden und sollen, in engem Anschlusse an die E m d e sche Darstellungsweise[2]) im folgenden verwertet werden[3]).

Für e i n e stromführende Windung lautet das Induktions-Gesetz:

$$E = i \cdot w + \frac{d\Phi}{dt},$$

d. h. die in der einen Windung induzierte elektromotorische Kraft ist

$$e = -\frac{d\Phi}{dt},$$

Durchläuft der Strom eine aus N Windungen bestehende Spule, so wird im allgemeinen:

$$e < -N \frac{d\Phi_t}{dt},$$

wobei Φ_t der größte innerhalb der Spule in einem beliebigen Querschnitte vorhandene Kraftfluß ist; denn es werden nicht alle Windungen von dem gleichen Kraftflusse durchsetzt, ein Teil des Kraftflusses tritt zwischen den Windungen aus. Man kann dann setzen:

$$e = -\frac{d\Psi}{dt},$$

wobei

$$\Psi = n_1 \Phi_1 + n_2 \Phi_2 + n_3 \Phi_3 + \ldots + n_\nu \Phi_\nu = \sum_0^\nu n\,\Phi$$

und im allgemeinen Falle, wenn $n_1, n_2 \ldots$ je eine Windung bedeuten:

$$\Psi = \Phi_1 + \Phi_2 + \Phi_3 + \ldots = \sum_{\nu=1}^{\nu=N} \Phi_\nu. \quad \ldots \ldots \quad \text{I)}$$

Dies ist die sogenannte Kraftflußwindungszahl[4]).

Aus dem Induktionsgesetze ergibt sich dann folgende Energiegleichung für ein beliebiges, Eisen enthaltendes System vom Strome i durchflossener Leiter:

$$E\,i = i^2\,w + i \cdot \frac{d\Psi}{dt}$$

und

$$\int_0^t E\,i\,dt = \int_0^t i^2\,w\,dt + \int_{\Psi_1}^{\Psi_2} i\,d\Psi. \quad \ldots \ldots \ldots \quad \text{2)}$$

Darin ist die linke Seite die gesamte zugeführte elektrische Arbeit A_e; das erste Glied der rechten Seite ist der in J o u l e sche Wärme übergeführte Teil dieser Arbeit $\int Q_w\,dt$. Der Rest der zugeführten Arbeit, der nicht in J o u l e sche Wärme verwandelt wird:

$$A_r = \int_{\Psi_1}^{\Psi_2} i\,d\Psi$$

hat in unserem Falle, wo es sich um einen Zugmagneten handelt, zwei Aufgaben zu erfüllen, die aus folgender Überlegung klar werden.

---

[1]) a. a. O., Kap. VIII A.
[2]) ETZ. 1908, S. 817.
[3]) Vgl. auch die entsprechende Darstellung bei E u l e r, Untersuchung eines Zugmagneten für Gleichstrom, Springer, Berlin 1911, S. 57 ff.
[4]) Vgl. G ö r g e s, ETZ. 1903, S. 271.

Nimmt man z. B. unsern Zugmagneten und hält den Anker in einer Stellung I so fest, daß er beim Einschalten des Stromes keine Bewegung machen kann, daß also der Hub x = const, so gilt für das Einschalten auch hier die Formel (2):

$$A_{e_I} = \int Q_w\, dt + \int_0^{\Psi_1} i\, d\Psi,$$

in diesem Falle ist äußere mechanische Arbeit nicht geleistet worden, der Teil von A_{e_I}, der nicht in Wärme überging, muß also im Magneten als magnetische Energie aufgespeichert sein; diese aufgespeicherte magnetische Energie ist also

$$W_I = \int_0^{\Psi_1} i\, d\Psi = \int_0^{i_1} L\, i\, di \quad \text{für } x_1 = \text{const.}$$

Für eine andere Stellung II mit kleinerem Luftspalte erhält man eine andere magnetische Energie:

$$W_{II} = \int_0^{\Psi_2} i\, d\Psi \quad \text{für } x_2 = \text{const.}$$

Läßt man den Magneten aber in normaler Weise arbeiten, so daß der Kern auf dem Wege von Stellung I nach Stellung II mechanische Arbeit A_m verrichtet, so verändert sich auf diesem Wege auch die aufgespeicherte magnetische Energie um ΔW von W_I auf W_{II}, und es ergibt sich, daß A_r sowohl ΔW als auch A_m zu decken hat. Die Energiebilanz sieht also folgendermaßen aus:

$$A_e = \int Q_w\, dt + A_r \quad \ldots \ldots \ldots \ldots \ldots \ldots \quad \text{2 a)}$$

$$A_r = A_m + \Delta W = A_m + W_{II} - W_I \quad \ldots \ldots \quad \text{3)}$$

und die mechanische Arbeit, um deren Darstellung es sich hier handelt, ist:

$$A_m = A_r - W_{II} + W_I \quad \ldots \ldots \ldots \ldots \ldots \ldots \quad \text{3 a)}$$

wobei also:

$$A_r = \int_{\Psi_I}^{\Psi_{II}} i\, d\Psi ;\quad W_I = \int_0^{\Psi_1} i\, d\Psi ;\quad W_{II} = \int_0^{\Psi_2} i\, d\Psi$$
$$\quad\quad x \neq const \quad\quad\quad x_1 = const \quad\quad\quad x_2 = const$$

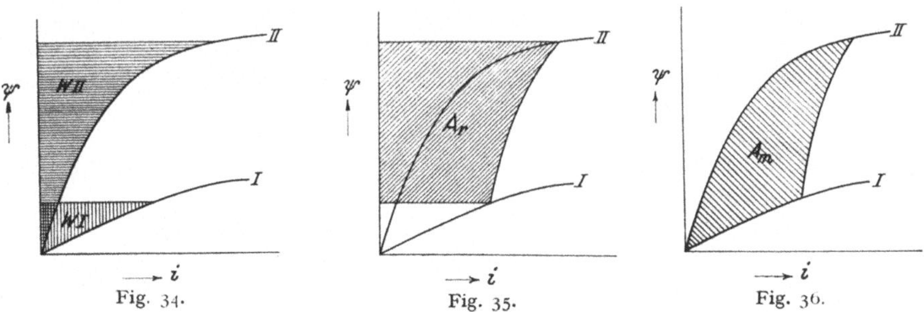

Graphische Darstellung der magnetischen Energie und der mechanischen Arbeit eines Magneten.

Emde hat nun gezeigt, wie man diese vier Werte graphisch darstellen kann. Trägt man für irgendeinen Magneten die Änderung der Kraftflußwindungszahl Ψ mit der Stromstärke bei konstantem Hube auf, so erhält man für verschiedene Hübe Kurven etwa entsprechend den Kurven I und II in Fig. 34—36, die ähnlichen Charakter wie die Magnetisierungskurven zeigen.

Die zwischen der Kurve und der Ordinatenachse liegende schraffierte Fläche stellt nun in jedem Falle den Wert

$$W = \int_0^{\Psi} i \, d\Psi_{x = \text{const}}$$

dar. In Fig. 34 entspreche W_I der Stellung I, W_{II} der Stellung II des untersuchten Magneten. Fig. 35 stellt dann den Übergang von der ersten zur zweiten Stellung dar, bei dem Strom und Spannung in irgendeiner, vorläufig noch unbestimmten Art und Weise sich ändern. Die hier schraffierte Fläche hat den Wert A_r. Daraus folgt Fig. 36: $A_m = A_r + W_I - W_{II}$ ist die von den Kurven I und II und der Übergangskurve eingeschlossene Fläche; diese Fläche ist gleichbedeutend mit der vom Magneten geleisteten mechanischen Arbeit.

Kann man also für irgendeinen Magneten die Kurven

$$\Psi = f\,[i]_{x = \text{const}}$$

für verschiedene Hübe aufstellen, so kann man die beim Übergange von einem Hube auf den anderen verfügbare mechanische Arbeit graphisch ermitteln. Dividiert man die so für eine bestimmte Hubstrecke ermittelte Arbeit dA_m durch diese Strecke dx, so erhält man die mittlere Zugkraft Z an dieser Stelle:

$$Z = \frac{dA_m}{dx} \,.$$

b) Vergleich der gemessenen mit der graphisch ermittelten Zugkraft.

Wie bereits erwähnt, ist diese hier beschriebene Ableitung schon einmal mit gutem Erfolge experimentell nachgeprüft worden. Euler[1]) hat den Kraftlinienverlauf des von ihm untersuchten Magneten sehr genau festgestellt, daraus einige $\Psi = f\,(i)$-Kurven abgeleitet und die mechanische Arbeit ermittelt. Gegenüber den aus den Zugkraftkurven entnommenen Werten der mechanischen Arbeit ($A_m = \int Z\,dx$, wobei die Zugkräfte gemessen waren) erhielt er nur ganz geringe Abweichungen.

An dem hier beschriebenen Versuchsmagneten wurde die Untersuchung in ähnlicher Weise wiederholt. Die erforderlichen Messungen sind in Kapitel IV, Abschnitt 3 (S. 33), beschrieben, sie führten zu den dort in Fig. 23—30 dargestellten Bildern des Kraftlinienverlaufes. Aus diesen wurde der Wert $\Psi = \Sigma\,n_\nu\,\Phi_\nu$ folgendermaßen gewonnen:

Die in die Streuflüsse der 8 Figuren eingezeichneten Zahlen Φ_ν' bedeuten Kraftflüsse in Einheiten von 1000 [cgs]; da nur die eine Hälfte des Magneten gezeichnet ist, so kommt, wenn man wieder Symmetrie voraussetzt, für die Kraftflußwindungen der doppelte Wert in Betracht. Der durch die Polflächen tretende, im übrigen ganz im Eisen verlaufende Hauptkraftfluß durchfließt sämtliche $N = 1404$ Windungen; diese 1404 Windungen sollen auf $S = 8 \times 25 = 200$ qcm gleichmäßig verteilt gedacht sein. Für alle anderen Teilkraftflüsse wurde planimetrisch die (von der Mittellinie jedes Teilflusses) umschlossene Fläche S', die also der Anzahl der durchflossenen Windungen proportional ist, ermittelt und daraus berechnet:

$$n_\nu\,\Phi_\nu = 2 \cdot \Phi_\nu' \cdot 10^3 \cdot 1404 \cdot \frac{S'}{200}$$

$$= 1{,}4 \cdot 10^4 \cdot \Phi_\nu' \cdot S'$$

$$\Psi = \Sigma\,n_\nu\,\Phi_\nu = 1{,}4 \cdot 10^4 \cdot \Sigma\,(\Phi_\nu' \cdot S') \ \text{Voltsec.}$$

Das Ergebnis für die 8 vorhandenen Streubilder ist in Zahlentafel 15 zusammengestellt.

Die gewonnenen 8 Punkte wurden in Fig. 37 eingetragen und daraus die gesuchten Kurven $\Psi = f\,[i]_{x = \text{const}}$ erhalten, und zwar für die drei Hübe von $x = 5{,}5$, 30 und 150 mm. Die zwischen den

Zahlentafel 15.

Die Kraftfluß - Windungen.

Strom Amp.		Hub mm	Ψ Voltsec.
5	{	5,5	7,80
		30	4,02
30	{	5,5	10,62
		30	9,78
		150	4,71
70	{	5,5	12,32
		30	11,11
		150	8,39

---

[1]) a. a. O. S. 57 ff.

Kurven liegenden Flächen sind dann also die auf den Strecken 30—5,5 und 150—30 geleisteten mechanischen Arbeiten. Als Begrenzung der Flächen kommen die senkrechten Linien konstanten Stromes in Betracht[1]), und zwar des Stromes, für den gerade A_m bestimmt werden soll; hier wurden 10, 30, 50, 70 Amp gewählt.

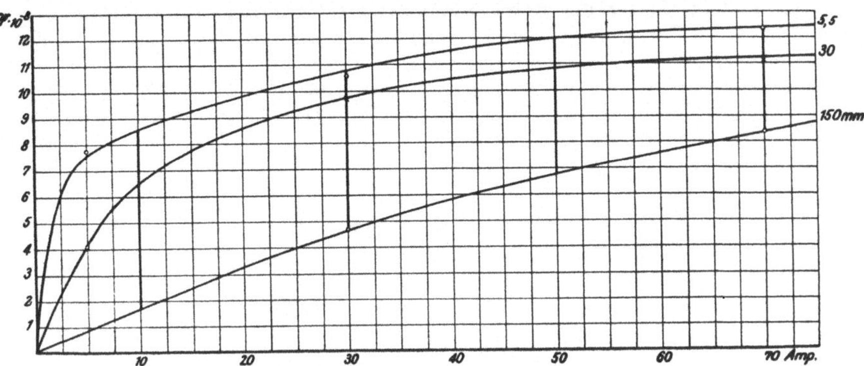

Fig. 37. Kraftflußwindungszahl, abhängig vom Magnetisierungsstrome, bei verschiedenen Hüben für Magnet mit Kern I.

Die durch Planimetrierung erhaltenen Flächen wurden auf Wattsec und mkg umgerechnet[2]), und wenn man dann durch den Weg dividierte, so ergaben sich die mittleren Zugkräfte für die beiden Wegstrecken 150/30 und 30/5,5 mm. Die Konstruktion von vollständigen Zugkraftkurven war also leider nicht möglich. Der Vergleich mit den gemessenen Werten der Zugkraft wurde dann so vorgenommen, daß in Fig. 10 aus den Kurven $Z_g = f$ [Hub] die mittlere Zugkraft für dieselben Wege und Stromstärken planimetrisch ermittelt wurde. Die Ergebnisse dieser Rechnungen sind in Zahlentafel 16 zusammengefaßt.

Zahlentafel 16.

Vergleich der gemessenen mit der graphisch ermittelten Zugkraft.

Hub	Strom	Mechanische Arbeit, planimetrisch ermittelt aus Fig. 37			Weg	Graphisch ermittelte mittlere Zugkraft	Mit der Wage gemessene mittlere Zugkraft	Abweichung
mm	Amp	cm²	Wattsec	mkg	m	kg	kg	Proz.
150/30	10	12,0	30	3,06	0,12	25,5	24,0	+ 5,9
150/30	30	54,3	136	13,88	0,12	115,6	116,2	— 0,5
150/30	50	91,8	230	23,45	0,12	195,5	204,0	— 4,2
150/30	70	119	299	30,5	0,12	254	289,0	— 12,1
30/5,5	10	11,4	28,5	2,91	0,0245	118,8	112	+ 7,1
30/5,5	30	22,5	56,3	5,73	0,0245	234	252	— 7,1
30/5,5	50	31,3	78,2	7,98	0,0245	326	362	— 10,0
30/5,5	70	40,7	102	10,40	0,0245	425	444	— 4,3

[1]) Bei mit Gleichstrom erregten Magneten bleibt während des Überganges von einer Stellung zur andern eigentlich nur die Klemmenspannung E konstant, i wird während des Anziehens kleiner, da die konstante Spannung E ja auch noch A_r zu decken hat. Hat man aber Widerstand vorgeschaltet, und geht die Bewegung genügend langsam vor sich, so kann auch i als konstant angesehen werden. — Anders bei Wechselstrommagneten, wo Ψ annähernd konstant bleibt. Vgl. Emde, E. u. M. 1906, S. 973.

[2]) In Fig. 37 ist Ψ in [cgs]-Einheiten, i in Amp ausgedrückt. Nun entspricht:

$$1 \ \Psi \text{ in [cgs]-Einheiten}: \ 10^{-8} \text{ Voltsec,}$$

$$1 \ (i \ \Psi) \qquad\qquad : \ 10^{-8} \text{ Joule,}$$

also ist der Wert eines Quadrates in Fig. 37: $2,5 \cdot 10^{-8} \ (i \ \Psi) = 2,5 \text{ Joule} = \dfrac{2,5}{9,81} \text{ mkg.}$

Bei der Beurteilung dieses Ergebnisses ist zu beachten, daß die Bestimmung der Kraftflußwindungen aus den Fig. 23—30 nur angenähert erfolgen konnte. Ferner sind die Kurven der Fig. 37 nur durch zwei oder drei Punkte bestimmt, also ist die ganze Rechnung wesentlich ungenauer als bei Euler. So sind die Abweichungen bis 12 % erklärlich, während bei Euler die größte Abweichung 6 % betrug.

Diese Methode ist nun leider für die Berechnung der Zugkraft von Magneten in der Praxis nicht recht anwendbar[1]). Wenn man auch bei einem neu konstruierten Magneten einige Kraftlinienbilder mit einiger Genauigkeit entwerfen und daraus die Kraftflußwindungen ermitteln könnte, so ist doch die mechanische Arbeit und damit die Zugkraft erst wieder abhängig von der Differenz der Kraftflußwindungen, die nicht mit wünschenswerter Genauigkeit vorher zu errechnen ist.

2. Ermittlung des Geltungsbereiches der „Maxwellschen Zugkraftformel".

a) Über die notwendige Bedingung für die Gültigkeit der „Maxwellschen Formel"[2]).

Es soll im folgenden versucht werden, zuerst die Bedingungen, unter denen die „Maxwellsche Formel" Gültigkeit hat, mathematisch zu formulieren, dann diese mathematische Formulierung physikalisch zu deuten.

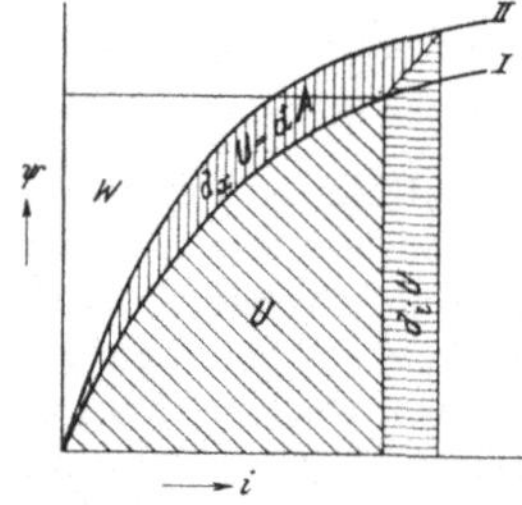

Fig. 38. Graphische Darstellung der mechanischen Arbeit eines Magneten im allgemeinsten Falle.

In Fig. 38 ist zunächst Fig. 36 noch einmal wiederholt, aber für eine unendlich kleine mechanische Arbeit dA_m. Nach dem Vorgang von Emde (ETZ. 1908, S. 817) nennen wir die von der i-Ψ-Kurve und der Abszissenachse eingeschlossene Fläche U, die von derselben Kurve und der Ordinatenachse eingeschlossene Fläche, wie oben, W. Dann ist:

$$W + U = i\,\Psi;$$
$$W = \int i\, d\Psi; \qquad U = \int \Psi\, di.$$

Beim Übergange von Kurve I nach Kurve II wird die unendlich kleine mechanische Arbeit dA_m geleistet, die, entsprechend der Ableitung auf S. 41, gleich der Teilzunahme von U durch Änderung von x (Hub) ist. Also:

$$dA_m = \delta U = \partial_x\, U = dU - \partial_i\, U$$
$$= \frac{\partial U}{\partial x} \cdot dx = dU - \frac{\partial U}{\partial i}\, di \quad \ldots \ldots \ldots \quad 4)$$

Diese Formeln gelten ganz allgemein[3]), ebenso allgemein gilt (vgl. S. 42):

$$Z = \frac{dA_m}{dx} = \frac{\partial U}{\partial x} = \frac{\partial}{\partial x}\int \Psi\, di \quad \ldots \ldots \ldots \quad 5)$$

Die „Maxwellsche Zugkraftformel" sei in ihrer allgemeinsten Form angesetzt:

$$Z = -\frac{\Phi^2}{8\,\pi\,F} \cdot \ldots \ldots \ldots \ldots \ldots \quad 6)\,{}^4)$$

---

[1]) Vgl. Emde, ETZ. 1908, S. 819, 3. Spalte, oben; vgl. auch S. 89 der Arbeit von Euler (a. a. O.), der die Berechnung seines Magneten ohne Streubilder, nur unter Annahme eines Streukoeffizienten, nach der Emdeschen Methode durchgeführt hat.

[2]) Den Inhalt dieses Abschnittes verdanke ich zum größten Teile freundlichen schriftlichen und mündlichen Mitteilungen von Herrn Prof. Emde.

[3]) Allerdings ist die eine Einschränkung zu machen, daß der Magnet nur einen Freiheitsgrad haben darf, daß also der Kern nur in der x-Richtung beweglich ist. Sind ν Freiheitsgrade vorhanden, so ist nämlich:

$$\partial U = \frac{\partial U}{\partial q_1}\, dq_1 + \frac{\partial U}{\partial q_2}\, dq_2 + \ldots + \frac{\partial U}{\partial q_\nu}\, dq_\nu;$$

in unserem Falle ist $\nu = 1$, $q_1 \equiv x$ zu setzen.

[4]) Das negative Vorzeichen ist erforderlich, weil Z angesetzt wird als Kraft, die x zu vergrößern strebt, während es in Wirklichkeit x zu verkleinern sucht.

wobei Φ und F irgendeinen Kraftfluß und irgendeine Fläche bedeuten können, die zunächst noch nicht näher definiert zu werden brauchen. Soll die Formel (6) gültig sein, so muß also zutreffen:

$$Z = -\frac{\Phi^2}{8\,\pi\,F} = \frac{\partial}{\partial k}\int \Psi\,di \quad\ldots\ldots\ldots\ldots\quad 7)$$

oder nach i differentiert:

$$-\frac{2\,\Phi}{8\,\pi\,F}\cdot\frac{\partial D}{\partial i} = \frac{\partial \Psi}{\partial x}$$

$$\Phi\,\frac{\partial D}{\partial i} + 4\,\pi\,F\,\frac{\partial \Psi}{\partial x} = 0 \quad\ldots\ldots\ldots\ldots\quad 8)^1)$$

Das Bestehen dieser Differentialgleichung ist also die Bedingung für die Gültigkeit der allgemeinen Maxwellschen Formel"; und diese Gleichung ist lösbar, ohne daß man Φ und F näher zu definieren, und ohne daß man bestimmte Beziehungen zwischen Φ, Ψ, i und x aufzustellen braucht.

Setzt man zunächst:

$$4\,\pi\,F\,i = u,$$

so wird aus Gleichung (8):

$$\Phi\cdot\frac{\partial D}{\partial u} + \frac{\partial \Psi}{\partial x} = 0 \quad\ldots\ldots\ldots\ldots\quad 8a)$$

Ist nun Ψ als Funktion von Φ und x gegeben, d. h.:

$$\Psi = \Psi\,(\Phi,\ x), \quad\ldots\ldots\ldots\ldots\quad 9)$$

so ist:

$$d\Psi = \frac{\partial \Psi}{\partial \Phi}\,d\Phi + \frac{\partial \Psi}{\partial k}\,dx \quad\ldots\ldots\ldots\ldots\quad 10)$$

Der Wert von $\dfrac{\partial \Psi}{\partial x}$ ist aber in Gleichung (10) ein anderer als in Gleichung (8 a); in Gleichung (8 a) wird bei der Differentiation von Ψ nach x der Wert u (der Strom) festgehalten, während in Gleichung (10) Φ als konstant anzusehen ist, wenn Ψ nach x differentiiert wird.

Im ersteren Falle schreiben wir daher: $\left(\dfrac{\partial \Psi}{\partial x}\right)_u$, im zweiten Falle: $\left(\dfrac{\partial \Psi}{\partial x}\right)_\Phi$. Aus (10) folgt:

$$\left(\frac{\partial \Psi}{\partial x}\right)_u = \left(\frac{\partial \Psi}{\partial D}\right)_x\cdot\left(\frac{\partial D}{\partial x}\right)_u + \left(\frac{\partial \Psi}{\partial x}\right)_\Phi \quad\ldots\ldots\ldots\quad 11)$$

und dies in (8 a) eingesetzt:

$$\left(\frac{\partial \Psi}{\partial D}\right)_x\cdot\frac{\partial D}{\partial x} + \Phi\,\frac{\partial \Phi}{\partial u} = -\left(\frac{\partial \Psi}{\partial x}\right)_\Phi \quad\ldots\ldots\ldots\quad 12)$$

Diese Gleichung ist eine lineare partielle Differentialgleichung 1. Ordnung von der Form:

$$U_x\cdot\frac{\partial z}{\partial x} + U_y\cdot\frac{\partial z}{\partial y} = U_z,$$

die nach einer von L a g r a n g e angegebenen Methode zu lösen ist[2]. Der partiellen Differential-Gleichung entspricht das System totaler Differential-Gleichungen:

---

[1]) Aus Gleichung (8) folgt allerdings umgekehrt:

$$\frac{\Phi^2}{8\,\pi\,F}\bigg|_{i\,=\,J} - \frac{\Phi^2}{8\,\pi\,F}\bigg|_{i\,=\,0} + \frac{\partial}{\partial x}\int \Psi\,di = 0.$$

(8) und (7) sind also nur dann inhaltsgleich, wenn $\Phi = 0$ für $i = 0$ und zwar für jedes x, d. h. wenn die Remanenz vernachlässigt wird. Diese Vernachlässigung steckt also in allen folgenden Ableitungen.

[2]) Nach Angabe von Herrn Prof. E m d e. Vgl. Forsyth, Diff.-Gl., Braunschweig 1889, S. 339 und 343.

$$\frac{dx}{U_x} = \frac{dy}{U_y} = \frac{dz}{U_z},$$

in unserm Falle also:

$$\frac{dx}{\left(\dfrac{\partial \Psi'}{\partial \Phi}\right)_x} = \frac{du}{\Phi} = -\frac{d\Phi}{\left(\dfrac{\partial \Psi'}{\partial x}\right)_\Phi} \quad \ldots \ldots \ldots \ldots \quad 13)$$

Aus (13) folgt erstens:

$$\left(\frac{\partial \Psi'}{\partial \Phi}\right)_x \cdot d\Phi + \left(\frac{\partial \Psi'}{\partial x}\right)_\Phi \cdot dx = 0$$

oder mit Rücksicht auf Gleichung (9) und (10):

$$d\Psi'(\Phi, x) = 0$$

oder

$$\Psi'(\Phi, x) = \Psi'_0 = \text{const.} \quad \ldots \ldots \ldots \ldots \ldots \quad 14)$$

und dies ist das e i n e Integral des Systems. Aus (13) folgt dann zweitens:

$$du = \frac{\Phi}{\left(\dfrac{\partial \Psi'}{\partial \Phi}\right)_x} \cdot dx$$

Diese Gleichung kann jetzt integriert werden. Nach Gleichung (9) kann man näm lich Φ als Funktion von Ψ' und x darstellen; drückt man $\left(\dfrac{\partial \Psi'}{\partial \Phi}\right)_x$ dann aus Gleichung (9) zunächst als Funktion von x und Φ aus und setzt für Φ den eben gefundenen Wert $f(\Psi', x)$ ein, so ist auch $\left(\dfrac{\partial \Psi'}{\partial \Phi}\right)_x$ als $f(\Psi', x)$ dargestellt. Da nach Gleichung (14) Ψ' konstant ist, so erscheint jetzt $\dfrac{\Phi}{\left(\dfrac{\partial \Psi'}{\partial \Phi}\right)_x}$ als Funktion von x allein, und man kann integrieren:

$$u - u_0 = \int_0^x \frac{\Phi}{\left(\dfrac{\partial \Psi'}{\partial \Phi}\right)_x} dx \Bigg|_{\Psi' = \Psi'_0 = \text{const}} \quad \ldots \ldots \ldots \quad 15)$$

Setzt man jetzt wieder nach der Vorschrift von L a g r a n g e:

$$u_0 = f_1(\Psi'_0), \quad \ldots \ldots \ldots \ldots \ldots \ldots \quad 16)$$

so erhält man als Lösung:

$$u = \int_0^x \frac{\Phi}{\left(\dfrac{\partial \Psi'}{\partial \Phi}\right)_x} dx \Bigg|_{\Psi' = \text{const}} + f_1(\Psi') \quad \ldots \ldots \ldots \quad 17)$$

oder:

$$4\pi N i = \frac{N}{F} \int_0^x \frac{\Phi}{\left(\dfrac{\partial \Psi'}{\partial \Phi}\right)_x} \cdot dx + f(\Psi') \quad \ldots \ldots \ldots \quad 17a)$$

Diese Formel ist die notwendige und ausreichende Bedingung, damit die „Maxwellsche Formel" gilt, wie auch immer Ψ', Φ, x und i voneinander abhängen mögen; vorausgesetzt ist dabei nur, daß keine Hysteresis und keine fremden Felder vorhanden sind. (Vgl. Anm. 1, Seite 45.)

Um der Formel einen physikalischen Sinn zu geben, müssen Φ und F definiert werden, ferner müssen über die Funktion Ψ' der Gleichung (9) irgend welche An nahmen gemacht werden. Beides geschieht in den folgenden Beispielen:

1. Beispiel: Wir schreiben die „Maxwellsche Formel"

$$Z = - \frac{\Phi_m{}^2}{8\,\pi\,F} \quad \dots \dots \dots \dots \dots \quad 18)$$

und verstehen unter Φ_m einen ideellen mittleren Kraftfluß, der, mit sämtlichen N Win dungen verschlungen, die wahre Kraftflußwindungszahl ergeben würde, der also bestimmt ist durch:

$$\Phi_m = \frac{\Psi'}{N}\,.$$

Die Funktion Ψ' der obigen Gleichung (9) ist also definiert durch:

$$\Psi' = N \cdot \Phi_m$$

und in Gleichung (17 a) haben wir einzusetzen:

$$\frac{\partial \Psi'}{\partial \Phi} = N,$$

also wird aus (17 a):

$$4\,\pi\,N\,i = \frac{N}{F} \int_0^x \frac{\Psi'}{N^2}\,dx + f\,(\Psi')$$

$$= \frac{\Psi'}{N\,F} \cdot x + f\,(\Psi')$$

$$4\,\pi\,N\,i = \frac{x}{F} \cdot \Phi_m + f\,(\Phi_m) \quad \dots \dots \dots \quad 19)$$

Dieses Ergebnis, in dem F noch gar nicht bestimmt ist, wird später verwertet werden[1]). Zunächst machen wir eine zweite Annahme, um eine weitere Beziehung zwischen Ψ' und Φ einsetzen zu können.

2. Beispiel: (Das erste ist darin enthalten.) Wir setzen für Φ und F die Werte, die der üblichen Anwendung der „Maxwellschen Formel" entsprechen, d. h. wir setzen:

$$\Phi = \Phi_0, \qquad\qquad F = F_0.$$

Ist der durch eine beliebige νte Windung fließende Kraftfluß Φ_ν, so kann man für jede Windung als Streufluß bezeichnen den Wert:

$$\varphi_\nu = \Phi_\nu - \Phi_0$$

und es wird:

$$\Psi' = \sum_{\nu=1}^{\nu=N} \Phi_\nu = N\,\Phi_0 + \sum_{\nu=1}^{\nu=N} \varphi_\nu = N\left(\Phi_0 + \frac{1}{N}\sum_{\nu=1}^{\nu=N}\varphi_\nu\right)$$

$$= N\,(\Phi_0 + \varphi_m) = N\,\Phi_0\left(1 + \frac{\varphi_m}{\Phi_0}\right) = N\,\Phi_0\,(1 + \tau) \quad \dots \dots \quad 20)$$

darin also:

$$\tau = \frac{\varphi_m}{\Phi_0} = \frac{1}{N\,\Phi_0}\sum_{\nu=1}^{\nu=N}\varphi_\nu \quad \dots \dots \dots \dots \quad 21)$$

---

[1]) Notwendig ist eigentlich noch der Nachweis, daß, wenn Gl. (19) erfüllt ist, dann auch wirk lich nur Gl. (18) zutrifft. Da sich der entsprechende Beweis, wie unten S. 48, Anm. 1 erwähnt, für Gl. (25) erbringen läßt, so ist er damit auch für Gl. (19) geführt; denn Gl. (19) ist ein Sonder fall der Gl. (25) für $\tau = 0$, also s = x.

φ_m ist danach ein ideeller mittlerer Streufluß, der mit allen N Windungen verkettet st, und τ der entsprechende ideelle Streufaktor, für den noch die vereinfachende Annahme gemacht werde, daß er sich nur mit x, nicht auch mit i ändert, daß also:

$$\left(\frac{d\tau}{di}\right)_{x=const} = \frac{\partial\tau}{\partial i} = 0 \quad \ldots \ldots \ldots \ldots \quad 22)$$

ist.

Die Funktion Ψ der obigen Gleichung (9) ist diesmal also definiert durch Gleichung (20) und in Gleichung (17a) haben wir einzusetzen:

$$\Phi_0 = \frac{\Psi}{N\,(1+\tau)}$$

und

$$\frac{\partial\Psi}{\partial\mathfrak{D}_0} = N\,(1+\tau)$$

Also wird jetzt aus (17a):

$$4\,\pi\,N\,i = \frac{N}{F_0}\cdot\int_0^x \frac{\Psi}{N^2\,(1+\tau)^2}\,dx + f\,(\Psi)$$

$$4\,\pi\,N\,i = \frac{\Psi}{N\cdot F_0}\cdot\int_0^x \frac{dx}{(1+\tau)^2} + f\,(\Psi)$$

$$4\,\pi\,N\,i = \frac{\Phi_0}{F_0}\,(1+\tau)\int_0^x \frac{dx}{(1+\tau)^2} + f\,[\Phi_0\,(1+\tau)] \quad \ldots \ldots \quad 23)$$

zur Vereinfachung noch:

$$s = (1+\tau)\int_0^x \frac{dx}{(1+\tau)^2}, \quad \ldots \ldots \ldots \ldots \quad 24)$$

also

$$4\,\pi\,N\,i = \frac{\Phi_0}{F_0}\cdot s + f\,[\Phi_0\,(1+\tau)] \quad \ldots \ldots \ldots \ldots \quad 25)\,^1)$$

Wenn das zutrifft, so gilt also die „Maxwellsche Formel". Das Bestehen dieser Gleichung ist aber schon keine notwendige Bedingung mehr für die Gültigkeit der Formel. Sie ist eben nur ein Beispiel, und um dies Beispiel zu erhalten, haben wir die willkürlichen Bedingungen (20) und (22) eingesetzt, wodurch dann die obige Gleichung (17a), die wirklich die notwendige Bedingung darstellt, physikalische Bedeutung erhielt. Würden wir eine andere Annahme über die Funktion Ψ der Gleichung (9) machen, d. h. andere Beziehungen zwischen Φ, Ψ und x zugrunde legen, so würden wir ein anderes Resultat erhalten, in dem die Werte Φ_0, x und i in anderer Beziehung zueinander ständen, und wieder würde die „Maxwellsche Formel" Gültigkeit haben.

Es folgt also: notwendige Bedingung ist die Gleichung (17a), in die gleich die üblichen Werte Φ_0 und F_0 eingesetzt seien:

$$4\,\pi\,N\,i = \frac{N}{F_0}\int_0^x \frac{\Phi_0}{\left(\dfrac{\partial\Psi}{\partial\mathfrak{D}_0}\right)_x}\cdot dx + f\,(\Psi).$$

Setze ich hier:

$$f\,(\Phi_0,\ \Psi,\ x) = 0$$

d. h. eine bestimmte Beziehung zwischen Φ_0, Ψ und x ein, so erhalte ich als Lösung:

$$f_1\,(\Phi_0,\ i,\ x) = 0$$

$^1)$ Hier gelingt der umgekehrte Nachweis, daß, wenn die Gleichungen (20), (22), (24) und (25) erfüllt sind, daß dann nur

$$Z = -\frac{\Phi_0^2}{8\,\pi\,F_0}\ \text{ist}.$$

Dieser Nachweis ist im Anhang (S. 74) geführt.

d. h. eine Gleichung zwischen Φ_0, i und x. Sind nun wirklich beide Gleichungen erfüllt, so gilt die „Maxwellsche Formel".

Wollte man dies Ergebnis anwenden, so müßte man in einem praktischen Falle versuchen, eine Beziehung zwischen Φ_0, Ψ und x aufzustellen. Das war bei dem Versuchsmagneten nicht möglich. — Nimmt man aber selbst die Voraussetzungen des obigen Beispiels 2 als richtig an, so daß also die „Maxwellsche Formel" Gültigkeit hat, wenn (25) erfüllt ist, so ist auch der experimentelle Nachweis, ob diese Beziehung (25) zutrifft, praktisch kaum durchführbar. Man müßte versuchen, die Werte τ und s entsprechend den Gleichungen (20) und (24) zu bestimmen, dann müßte man mehrere Wertepaare $i_1 x_1$; $i_2 x_2 \ldots\ldots$ aufsuchen, für die Ψ, also auch $\Phi_0 \cdot (1 + \tau)$ denselben Wert hat, und müßte endlich nachprüfen, ob zutrifft:

$$4\,\pi\,N\,(i_1 - i_2) = \frac{1}{F_0}\,(\Phi_{01}\,s_1 - \Phi_{02}\,s_2) \ \ldots\ldots\ldots \ 26)$$

Wenn diese Forderung erfüllt ist, gilt die „Maxwellsche Formel".

Jetzt kann auch die oben im ersten Beispiel auf Seite 47 erhaltene Schlußformel (19) verwendet werden; sie ist nämlich ein Sonderfall von Gleichung (25). Setzt man die Streuung gleich 0, d. h.

$$\tau = 0 \qquad\qquad s = x,$$

so ergibt sich aus Gl. (25)

$$4\,\pi\,N\,i = \frac{\Phi_0}{F_0}\,x + f\,(\Phi_0), \ \ldots\ldots\ldots\ldots \ 27)$$

also gilt entsprechend dem Beispiele 1) auch

$$Z = -\frac{\Phi_0{}^2}{8\,\pi\,F_0}\,.$$

Wieder ist die Frage, wann diese Bedingung (27) zutrifft, und diesmal kann sie beantwortet werden. Denn wir haben hier die Gleichung des magnetischen Kreises, die in dieser Form erfüllt ist, wenn

    1. keine Streuung vorhanden ist [1] (weil dann das Linienintegral im Eisen wirklich $= f\,[\Phi_0]$) und wenn

    2. außerdem der Kraftfluß sich im Luftspalte nicht ausbreitet (weil nur dann das Linienintegral in Luft $= \Phi_0/F_0 \cdot x$ ist).

Wenn diese beiden Bedingungen zutreffen, so gilt also die „Maxwellsche Formel". Dagegen ist n i c h t bewiesen, daß sie n u r unter d i e s e n Bedingungen gilt, sie k a n n auch noch in anderen Fällen Gültigkeit haben, z. B. im Falle der Gleichung (25).

b) Ableitung der „Maxwellschen Formel" aus den Energiebeziehungen am Magneten.

Die beiden zuletzt aufgestellten Bedingungen werden meist ausdrücklich oder stillschweigend zugrunde gelegt, wenn die „Maxwellsche Formel" bei der Berechnung von Magneten verwendet wird.

Setzt man sie voraus, so ist es auch möglich, die „Maxwellsche Formel" direkt aus den Energiebeziehungen am Magneten abzuleiten, wie im folgenden gezeigt werden soll. Zu den beiden genannten Voraussetzungen:

    1. Streuung gleich Null,

    2. keine Ausbreitung des Kraftflusses im Luftspalte, d. h. der magnetische Widerstand in Luft sei:

$$w_l = \frac{x}{F_0}\,,$$

unabhängig vom Strome, komme noch als dritte:

    3. der magnetische Widerstand im Eisen sei unendlich klein gegen den in der Luft d. h.

$$w_e \ll w_l \ [2]).$$

---

[1] Darin sind dann auch die Voraussetzungen (20) und (22) enthalten.

[2] Die Bedingungen 1 und 3 sind eigentlich identisch, da die Streuung nur dann Null sein kann, wenn der Luftwiderstand w_l unendlich groß ist.

Wir beginnen mit dem Satze vom magnetischen Kreise, dessen allgemein gültige Form lautet:

$$4\,\pi\,N\,i = \frac{\Psi}{N} \cdot w_m$$

Hier wird daraus:

$$w_m = w_l + w_e = w_l \quad \text{(nach Vorauss. 3)}$$

$$= \frac{x}{F_0} \qquad (\quad ,, \qquad ,, \quad 2)$$

$$4\,\pi\,N\,i = \frac{\Psi}{N} \cdot \frac{x}{F_0}$$

$$\frac{\Psi}{i} = 4\,\pi\,N^2\,\frac{F_0}{x} = \text{const},$$

unabhängig vom Strome bei konstantem Hube.

Daraus folgt weiter:

$$d\left(\frac{\Psi}{i}\right) = 0$$

$$\frac{i\,d\Psi - \Psi\,di}{i^2} = 0$$

$$i\,d\Psi = \Psi\,di$$

$$W = U = \frac{i\,\Psi}{2} \quad \text{(vgl. S. 44)}$$

$$dW = dU$$

und endlich die mechanische Arbeit:

$$dA_m = dU - \frac{\partial U}{\partial i} \cdot di$$

$$dA_m = + dW - \frac{\partial U}{\partial i} \cdot di$$

und wenn wir noch $di = 0$ setzen, was annähernd zutrifft, da es sich um einen Gleichstrommagneten handelt[1]):

$$dA_m = + dW \quad . \quad . \quad . \quad . \quad . \quad . \quad . \quad . \quad . \quad . \quad . \quad . \quad 28)$$

und

$$A_m = + \Delta W$$

Was wir eben abgeleitet haben, ist in Fig. 39 graphisch dargestellt. Da $\Psi/i = \text{const}$, sind die beiden Ψ-i-Kurven der Figuren 34—36 gerade Linien geworden, da $i = \text{const}$ läuft $b\,d$ senkrecht zur Abszissenachse. Die Gleichheit der Dreiecke A_m und ΔW folgt dann daraus, daß $a\,c$ gleich und parallel $b\,d$ ist. Da laut S. 41 Formel (3):

$$A_r = A_m + \Delta W \quad . \quad 29)$$

so folgt, daß hier die dem Magneten zugeführte, nicht als Joulesche Wärme verbrauchte Energie A_r zur einen Hälfte aufgespeichert, zur anderen in mechanische Arbeit

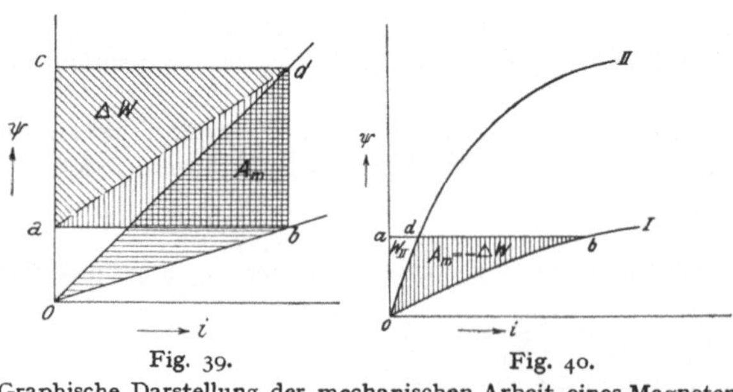

Fig. 39.   Fig. 40.

Graphische Darstellung der mechanischen Arbeit eines Magneten in Sonderfällen.

umgesetzt wird. Und unter den beiden Bedingungen: $d\,(\Psi/i) = 0$ und $di = 0$ gilt also der (zuerst von W. Thomson, Reprint. §571 ausgesprochene) Satz: Die von einem Zugmagneten

---

[1]) Vgl. Anm. 1, S. 43.

geleistete mechanische Arbeit ist gleich der Vermehrung seiner magnetischen Energie also seine Zugkraft gleich der Veränderung der magnetischen Energie mit dem Wege[1])

Aus Gleichung (28) folgt nun weiter für die Zugkraft:

$$Z = \frac{dA_m}{dx} = \frac{dW}{dx} = \frac{i}{2}\frac{d\Psi}{dx}\ ^2)$$

$$\Psi = N \cdot \Phi_0,$$

da nach Voraussetzung (1) keine Streuung vorhanden ist.

$$\Phi_0 = \frac{4\pi N i}{w_m}$$

$$w_m = w_l = \frac{x}{F_0},$$

nach Voraussetzung (2) und (3).

$$\Phi_0 = \frac{4\pi N i F_0}{x}$$

$$\Psi = \frac{4\pi N^2 i F_0}{x}$$

$$\frac{d\Psi}{dx} = -\frac{4\pi N^2 i F_0}{x^2}\ ^3)$$

$$Z = -\frac{2\pi N^2 i^2 F_0}{x^2} = -\frac{\Phi_0^2}{8\pi F_0} = -\frac{\mathfrak{B}_0^2 F_0}{8\pi}.$$

So läßt sich also die „Maxwellsche Formel" unter Voraussetzung der obigen drei Bedingungen aus den stets und allgemein gültigen Energiebeziehungen am Magneten herleiten. Noch einmal sei aber, wie schon am Schlusse des vorigen Absatzes, betont: Diese Bedingungen müssen nicht unbedingt erfüllt sein, damit die „Maxwellsche Formel" gilt, sie kann unter Umständen auch sonst gelten. Die wirklich notwendige Bedingung ist, wie schon erwähnt, in der Gleichung (17a) ausgedrückt [4]).

---

[1]) Aus der allgemein gültigen Gleichung (29) folgt:

$$A_m = A_r - \Delta W$$

$$= \int_{\Psi_1}^{\Psi_2} i\, d\Psi - \Delta W$$

$$dA_m = i\, d\Psi - dW$$

also:

$$dA_m = -dW$$

und

$$A_m = -\Delta W$$

$\left.\right\}$ nur wenn $d\Psi = 0$, also $\Psi = $ const

Damit $A_m = -\Delta W$, braucht also die Ψ-i-Kurve nicht geradlinig zu sein, $d\Psi = 0$ ist die hinreichende und notwendige Bedingung. Ist sie erfüllt, so ist also $A_r = 0$, d. h. von außen wird, abgesehen von Joulescher Wärme, Energie nicht zugeführt; die während der Bewegung freiwerdende magnetische Energie wird in mechanische Arbeit umgesetzt und abgegeben. Also gilt hier der ebenfalls von Thomson herrührende Satz, daß bei konstantem Kraftflusse die mechanische Arbeit gleich der Verminderung der magnetischen Energie ist. Die Bedingung $\Psi = $ const ist in Fig. 40 graphisch dargestellt; erfüllt wird sie annähernd bei Wechselstrom-Magneten. Vgl. dazu Anm. 1, S. 43.

[2]) Ist L der Selbstinduktionskoeffizient des Magneten, so ist er zu definieren aus

$$i\, dL = d\Psi;$$

also wird

$$Z = \frac{i^2}{2}\frac{dL}{dx};$$

diese Formel zitiert Jasse, a. a. O., aus Vaschy, Traité d'Électricité et de magnétisme, Paris 1890 Vgl. auch Z. f. E. 1905, S. 562.

[3]) Über das negative Vorzeichen vgl. Anm. 4, S. 44.

[4]) Die „Maxwellsche Formel" aus den Energiebeziehungen am Magneten hat meines Wissens als erster Schiemann abgeleitet (a. a O.). Vgl. auch Jasse, a. a. O., S. 890.

c) Über die Zugkraft des Streuflusses.

Die Ableitung des vorigen Abschnittes b) kann aber auch bestehen bleiben, trotzdem Streuung vorhanden ist; nimmt man nämlich an, daß die beiden Voraussetzungen 2 und 3 von Seite 49 für den Hauptkraftfluß zutreffen, so folgt, daß die „Maxwellsche Formel" eben allein die Zugkraft dieses Hauptflusses angibt. Dann läßt sich aber auch diejenige Zugkraft gesondert ermitteln, die der Streufluß in seiner einfachsten Gestalt ausübt.

Auch für den Streufluß sei:

1. $di = 0$, was man bei Gleichstrommagneten immer voraussetzen darf,

2. $d\left(\dfrac{\Psi'}{i}\right) = 0$,

so daß Gleichung (28) gilt[1]).

Die Frage ist jetzt: Wie groß ist die Zugkraft in Zugrichtung, die auf die Magnetisierungsspule ausgeübt wird, wenn ein Streufluß Φ_{str} vom beweglichen Kerne zum festen Joche in beliebiger Richtung durch die Spule hindurch übertritt? Aus diesem Kraftflusse sei eine

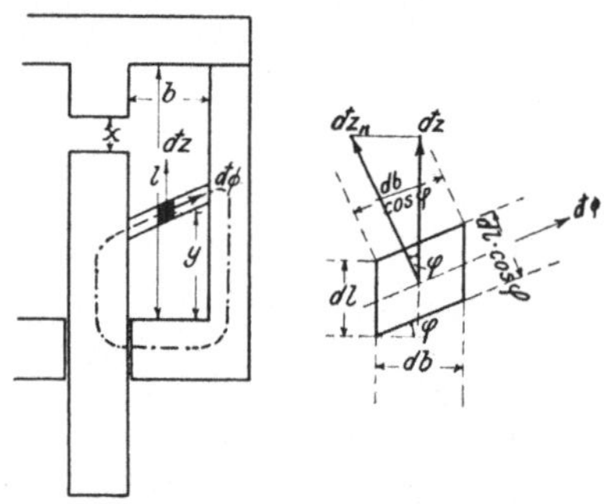

Fig. 41. Fig. 42.

Zur Berechnung der Zugkraft des Streuflusses.

einzelne Röhre $d\Phi$ herausgenommen, wie sie in Fig. 41 dargestellt ist, und aus dieser Röhre sei weiter das schraffierte, in Fig. 42 besonders dargestellte, unendlich dünne Stück herausgeschnitten, das in der dritten Dimension, senkrecht zur Ebene der Zeichnung, die Länge h gleich der Dicke des Magneten hat. Wir berechnen jetzt die Teilkraft dz, die auf dieses Teilchen in Zugrichtung wirkt, müssen dazu aber noch eine dritte Voraussetzung machen, und zwar:

3. $dy = - dx$.

Es muß nämlich irgendeine Annahme gemacht werden über die Veränderung des Streuflusses mit der Änderung des Hubes; nimmt man an, daß der Streufluß ungeändert bleibt,

so ergibt die nachstehende Rechnung für die Zugkraft den Wert Null $\left(\dfrac{\partial U}{\partial x} = 0\right)$.

Hier wird also angenommen, daß für jeden Teilkraftfluß, also auch für den gesamten Streufluß, die Größe y, d. h. auch die Durchflutung n i sich so ändert, daß $(x + y)$ konstant bleibt. Dann ist

$$Z = \frac{dW}{dx} = \frac{i}{2}\frac{d\Psi'}{dx},$$

wie auf S. 51, da Gl. (28) gilt; also ist

$$dZ = \frac{i}{2} \cdot \frac{d(d\Psi')}{dx}$$

die Zugkraft, die dem Werte $d\Psi'$ entspricht, wenn $d\Psi'$ ein kleiner, in den nächsten Zeilen definierter Teil von Ψ' ist.

Nun ist ganz allgemein:

$$\Psi' = N \cdot \Phi_m$$

(vgl. S. 47), und man kann setzen:

$$d\Psi' = n \cdot d\Phi,$$

---

[1]) Eigentlich liegt schon in diesen Annahmen ein Widerspruch; denn wenn $d\left(\dfrac{\Psi'}{i}\right) = 0$ und damit auch $w_e = 0$ gesetzt wird, so kann keine Streuung auftreten. Trotzdem findet man überall diese beiden Annahmen nebeneinander. (Vgl. Jasse, a. a. O, Emde, E. u. M. 1906, S. 945.)

wobei $d\Phi$ den in Fig. 41 gezeichneten Teilfluß und n die von $d\Phi$ durchflossene Windungszahl bedeutet.

Benutzt man jetzt:

$$4\,\pi\,n\,i = d\Phi_m \cdot \mathfrak{w}_m,$$

die Gleichung des magnetischen Kreises, so ist:

$$d\Psi = \frac{4\,\pi\,n^2\,i}{\mathfrak{w}_m}$$

und

$$dZ = \frac{2\,\pi\,i^2}{\mathfrak{w}_m} \cdot \frac{d\,(n^2)}{dx}.$$

$\mathfrak{w}_m$ ist der magnetische Widerstand für den Teilfluß $d\Phi$, der sich aus dem Widerstande $\mathfrak{w}_l$ in Luft und $\mathfrak{w}_e$ im Eisen zusammensetzt. Da Voraussetzung 2 nur gilt, wenn $\mathfrak{w}_e \ll \mathfrak{w}_l$ (vgl. S. 49), so ist:

$$\mathfrak{w}_m = \mathfrak{w}_l + \mathfrak{w}_e = \mathfrak{w}_l = \frac{[l]}{[q]}\,;$$

hierbei ist $[l]$ die Länge, $[q]$ der Querschnitt des Weges, den $d\Phi$ in der Luft zurücklegt; wir berechnen zunächst nicht dZ, die Zugkraft, die der ganzen Röhre $d\Phi$ entspricht, sondern nur die Teilkraft dz, die auf das Teilchen der Fig. 42 kommt; dann ist $[l]$, $[q]$ und n nur auf dies Teilchen zu beziehen, also:

$$[l] = \frac{db}{\cos\varphi}$$

$$[q] = h \cdot dl \cdot \cos\varphi$$

$$n = N \cdot \frac{y}{l} \cdot \frac{db}{b}\ ^1)$$

also:

$$dz = \frac{2\,\pi\,i^2\,N^2\,(db)^2 \cdot h \cdot dl \cdot \cos^2\varphi}{l^2\,b^2\,db} \cdot \frac{d(y^2)}{dx}$$

Nun ist:

$$dy = -\,dx$$

nach Voraussetzung 3), also:

$$dz = -\,4\,\pi\,N^2\,i^2 \cdot \frac{y}{l^2} \cdot \frac{db\,dl}{b^2} \cdot h \cdot \cos^2\varphi\ ^2)$$

$^1)$ Durchflutung für die ganze Röhre $d\Phi$ ist: $N\,i\,\dfrac{y}{l}$, für das untersuchte Teilchen:

$$N \cdot i \cdot \frac{y}{l} \cdot \frac{db}{b}.$$

$^2)$ Von hier aus kann man weiter herleiten (vgl. Fig. 42):

$$dz_n = \frac{dz}{\cos\varphi}$$

$$= -\,\frac{4\,\pi\left(N \cdot \dfrac{y}{l} \cdot \dfrac{db}{b}\right)i}{\dfrac{db}{\cos\varphi}} \cdot h \cdot N \cdot i \cdot \frac{db\,dl}{b \cdot l}$$

$$= -\,\frac{4\,\pi\,n\,i}{[l]} \cdot h \cdot N \cdot i \cdot \frac{db\,dl}{b \cdot l}\,.$$

hierin ist h die induzierte Leiterlänge $[L]$; da ferner $N\,i$ die gesamte Durchflutung ist, so wird die kleine Fläche der Fig. 42 vom Strom $[J] = N\,i \cdot \dfrac{db\,dl}{b \cdot l}$ durchsetzt, also

$$dz_n = -\,\mathfrak{H} \cdot [L] \cdot [J].$$

Das ist die bekannte Formel für die Kraft auf einen durchströmten Leiter, die ja allgemeine Gültigkeit hat, also auch hier zutreffen muß.

$$dz = -4\pi\left(N\cdot\frac{y}{l}\cdot\frac{db}{b}\right)\cdot i\cdot\frac{h\,dl\cos\varphi}{\dfrac{db}{\cos\varphi}}\cdot N\cdot i\cdot\frac{db}{b\cdot l}$$

$$= -4\pi\cdot\quad n\quad\cdot i\cdot\frac{1}{w_m}\cdot N\cdot i\cdot\frac{db}{b\,l}$$

$$= -d\Phi\cdot\frac{Ni}{l}\cdot\frac{db}{b}$$

und die der ganzen Röhre entsprechende Zugkraft:

$$dZ = -\int_0^b d\Phi\cdot\frac{Ni}{l}\cdot\frac{db}{b} = -d\Phi\cdot\frac{Ni}{l}\ \text{Dynen.}$$

Daraus folgt für den gesamten vom Kern zum Schenkel übertretenden Streufluß:

$$Z_{str} = -\int_0^\Phi d\Phi\cdot\frac{Ni}{l} = -\Phi_{str}\cdot\frac{Ni}{l}\ \text{Dynen} \quad\ldots\quad\ldots\quad 30)$$

Diese Kraft wirkt also (immer unter den drei Voraussetzungen: $di = 0$; $d\left(\dfrac{\Psi}{i}\right) = 0$; $dy = -dx$) in der Richtung der Bewegung des Kernes auf die stromdurchflossenen Leiter, die vom Kraftflusse Φ_{str} durchsetzt werden, ganz gleich, unter welchem Winkel φ der Kraftfluß hindurchtritt. Dabei muß natürlich als Gegenwirkung dieselbe Zugkraft am Eisen des Magneten angreifen, so daß zunächst entschieden werden muß, an welchem Teile des die Spule umschließenden Eisens, ob am Kerne, wo sie als meßbare Kraft auftritt, oder am Joche bzw. Schenkel, wo sie als innere Spannung im Systeme bleibt und nicht nach außen wirkt.

Man könnte nun auf den Gedanken kommen, den folgenden Versuch zu machen, um diese Verteilung der Zugkraft des Streuflusses zu ermitteln:

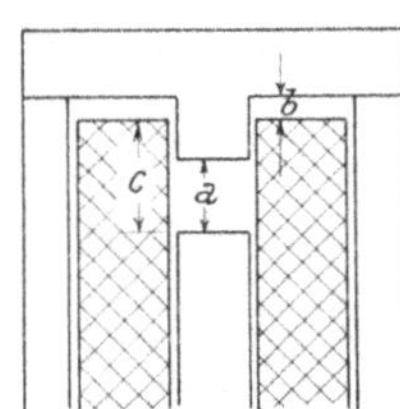

Fig. 43.
Anordnung von Spule, Kern und Gehäuse.

Es ist (vgl. Fig. 43) die bestimmte Anordnung von Spule, Kern und Gehäuse gegeben, die Spule ist dabei von bestimmtem Strome durchflossen. Es soll aber die Möglichkeit vorhanden sein, die Spule entweder am Kerne oder am Gehäuse oder gar nicht zu befestigen. Die gesamte Zugkraft ist in drei Teile zerlegbar:

1. Zugkraft zwischen Kern und Gehäuse: A,
2. Zugkraft zwischen Spule und Gehäuse: B,
3. Zugkraft zwischen Spule und Kern: C.

Befestigt man jetzt:

1. Spule am Kerne, so mißt man A + B,
2. Spule am Gehäuse, so mißt man A + C,
3. Kern am Gehäuse, so mißt man B — C.

während die dritte Kraft von der jeweiligen Befestigung aufgenommen wird, also nicht nach außen wirkt.

Aus diesen drei Messungen lassen sich aber A, B, C nicht einzeln bestimmen, die Aufgabe ist statisch unbestimmt, die Zugkräfte sind abhängig von den inneren elastischen Formänderungen der Spule oder des Eisens[1]).

Hieraus kann man zunächst schließen, daß die Formel (30) für die Berechnung der Zugkraft von Magneten nicht anwendbar ist, denn man kann nicht bestimmen, welcher

---

[1]) Auch diese Ableitung verdanke ich in dieser Form der Güte des Herrn Professor E m d e.

Teil von Z_{str} nun wirklich als meßbare Zugkraft zur Geltung koͤmmt. Ferner läßt sich aber noch der folgende wichtige Schluß ziehen: Die Werte a, b, c (der Fig. 43) seien fest gegeben, ebenso der Strom in der Spule; damit ist auch die Streuung, d. h. die Kraftlinienverteilung eindeutig bestimmt. Trotzdem bekommt man für die obigen drei Fälle verschiedene äußere Zugkräfte. Daraus folgt also zunächst: es ist bei dem untersuchten Zugmagneten nicht möglich, aus einem wenn auch noch so genauen Kraftlinienbilde die Zugkraft des Magneten in dem Zustande, für den das Bild gilt, zu errechnen. Der Grund dafür ist eben die statische Unbestimmtheit des Systems; es liegt also hier ein zufälliger, durch die mechanische Anordnung bestimmter Grund vor. Weiter unten wird sich zeigen, daß auch aus prinzipiellen Erwägungen das einzelne Kraftlinienbild im letzten Grunde kein Maß für die Zugkraft ist.

Trotzdem wurde am Versuchsmagneten noch eine weitere Untersuchung vorgenommen. Es ergab sich nämlich die Frage: Wie wird das Resultat beeinflußt, wenn man außer der „Maxwellschen Formel" bei der Berechnung der Zugkraft auch die „Zugkraft des Streuflusses" nach Formel (30) berücksichtigt? Für den Versuchsmagneten erhält man:

$$Z_{str} = \Phi_{str} \cdot \frac{N\,i}{1} \cdot \frac{10^{-6}}{9{,}81}\ \text{kg}$$

und für z. B. $\Phi_{str} = 10\,000$ in jedem der beiden Fenster:

$$Z_{str_{10}} = 2 \cdot 10^4 \cdot \frac{i \cdot 1404}{25} \cdot \frac{10^{-6}}{9{,}81}\ \text{kg}$$
$$= 0{,}114 \cdot i\ \text{kg}.$$

Setzt man jetzt für Z_{str} alle vom beweglichen Kerne ausgehenden Kraftlinien in Rechnung, und nimmt man an, daß die ganze so errechnete Zugkraft am Kerne in der Zugrichtung zieht, so erhält man mit Rücksicht auf die obigen Ausführungen sicher einen zu großen Wert. Trotzdem ist in allen acht Fällen, die mit Hilfe der Figuren 23—30 berechnet werden konnten, das gefundene Z_{str} zu klein, als daß es die Differenz zwischen der wirklich gemessenen und der nach Maxwell berechneten Zugkraft Z_M decken könnte. Dieselbe Rechnung wurde für den von Euler untersuchten Magneten durchgeführt und ergab dasselbe negative Resultat[1]). Dies Ergebnis überrascht auch nicht; denn weder beim Versuchsmagneten noch bei Eulers Magneten treffen für den Haupt- oder Streukraftfluß die Bedingungen zu, unter denen die Formeln für Z_M und Z_{str} gelten. Auch vernachlässigt ja die „Maxwellsche Formel" nicht etwa den Streufluß in dem Sinne, daß man durch Addieren einer bestimmten „Zugkraft des Streuflusses" den richtigen Gesamtwert der Zugkraft erhalten könnte. Aus den Ableitungen des vorletzten Abschnittes a) (vgl. z. B. Gleichung 25) kann man ja direkt den Schluß ziehen, daß die „Maxwellsche Formel" unter Umständen auch bei Vorhandensein von Streuung richtige Werte gibt[2]).

---

[1]) Euler, a. a. O. Die Figuren 34—41, S. 52—53, konnten hierzu benutzt werden.

[2]) Emde hat in E. u. M. 1906, S. 945 ff., ausgehend von den Energiegleichungen Formeln für die Zugkraft von Elektromagneten aufgestellt, wobei er die auf S. 52 unter 1, 2 und 3 aufgeführten Voraussetzungen gemacht hat. Beim zylindrischen Mantelmagneten hat er ferner noch einen ganz gleichmäßig radial übertretenden Streukraftfluß vorausgesetzt und bekommt so schließlich eine Formel (32 b) für die Zugkraft:

$$\mathfrak{K}_x = -\,4\,\pi^2\,(Z\,i)^2 \left[\frac{1}{2}\left(\frac{r_1}{x}\right)^2 + \frac{1}{\ln\frac{r_2}{r_1}}\left(\frac{1-a-x}{1}\right)^2 \right].$$

Genau dieselbe Formel erhält man, wenn man dieselben Voraussetzungen macht, aus:

$$Z = Z_M + Z_{str} = \frac{\mathfrak{B}_0{}^2 F_0}{8\,\pi} + \Phi_{str} \cdot \frac{N\,i}{1}\ \text{Dynen.}$$

Emdes Formel gibt also ebenso falsche Resultate, wie sie der obige Versuch, mit $Z_M + Z_{str}$ zu rechnen, gezeigt hat.

3. Berechnung der Zugkraft aus den Volumen- und Oberflächenkräften im magnetischen Felde.

Es bleibt noch übrig, diejenigen Ausdrücke für die magnetische Zugkraft zu betrachten, die aus den allgemeinen Formeln für die Volumen- und Oberflächenkräfte hergeleitet werden, die also allgemein gültig und theoretisch richtig sind. Daß auch sie für die Praxis nicht ohne weiteres anwendbar sind, darauf ist bereits mehrfach, u. a. von Emde, hingewiesen worden; sie sollen deshalb im folgenden nur ganz kurz besprochen werden.

a) Die Volumenkräfte.

Enthält ein System permanente Magnete, weiches Eisen und stromdurchflossene Spulen, so kann man die im gesamten Systeme vorhandenen Kräfte durch ein Volumen-Integral ausdrücken:

$$\mathfrak{K} = \int \mathfrak{k}\, dv.$$

Für $\mathfrak{k}$, die Kraft auf die Volumeneinheit, gibt Cohn Formeln, die hier gleich in der üblichen Schreibart der Vektoren-Analysis wiederholt seien. Es ist bei geradliniger Magnetisierungskurve:

$$\mathfrak{k} = \rho\, \mathfrak{H} - \frac{1}{8\,\pi}\, \mathfrak{H}^2\, \mathrm{grad}\, \mu + [J\, \mathfrak{B}] \qquad\qquad {}^1)$$

und bei krummliniger Magnetisierungskurve:

$$\mathfrak{k} = \rho\, \mathfrak{H} - \frac{1}{4\,\pi} \int_0^{\mathfrak{H}} \mathrm{grad}\, \mu\, \mathfrak{H}\, d\mathfrak{H} + [J\, \mathfrak{B}]. \qquad\qquad {}^2)$$

Das erste dieser drei Glieder ist die Kraft auf permanente Magnete, das zweite gibt die auf weiches Eisen, das dritte die auf stromführende Leiter ausgeübte Kraft an. In unserem Falle ist das erste Glied gleich Null.

Rechnerisch läßt sich diese Formel so noch nicht verwerten, da innerhalb des Volumens v Unstetigkeitsflächen für μ vorhanden sind (die Grenzflächen Luft — Eisen), die die Integration von grad μ verhindern[3]). Ferner enthält die Formel die gesamten im Systeme auftretenden Kräfte, die sich teilweise gegenseitig aufheben. Es kommt also nur ein Teil als Zugkraft zur Wirkung, dessen Größe sich nicht bestimmen läßt.

So wirkt z. B. auf die gesamte Magnetisierungsspule die Kraft:

$$\mathfrak{K} = \int \mathfrak{k}\, dv; \qquad \mathfrak{k} = [J\, \mathfrak{B}].$$

Für die Komponente von $\mathfrak{K}$, die in die Zugrichtung fällt, läßt sich genau dieselbe Formel (30) ableiten, wie oben S. 54 für die Zugkraft des Streuflusses Z_{str}.[4]) Und

Nun hat aber der erste Teil dieser Formel in den neuen Jahrgängen des Uppenbornschen „Kalender für Elektrotechniker" Aufnahme gefunden. 1910, S. 60, steht:

$$\mathfrak{K}_x = - F\,\pi \left(\frac{N\,i}{x}\right)^2$$

Das ist darum nicht gut, weil die Formel genau dasselbe sagt wie die alte Maxwellsche. Bei dieser stand aber $\mathfrak{B}$, das erst zu errechnen war, so daß der Benutzer nicht so leicht in die Versuchung kam, den Eisenwiderstand gänzlich zu vernachlässigen, wie wenn er die obige Formel findet mit der kurzen Bemerkung: „so lange x nicht sehr klein." Übrigens stimmt sie erst recht nicht, wenn x groß ist, da sie die dann oft sehr beträchtliche Ausbreitung des Flusses im Luftspalte vernachlässigt.

Jasse hat in E. u. M. 1910, S. 889 ff., die Emdeschen Formeln für seine weiteren Ableitungen benutzt. Es gilt also dasselbe auch in diesem Falle. Wendet man z. B. seine Formel (52), S. 893, für den Versuchsmagneten dieser Arbeit an, so bekommt man bei großem Hube zu kleine Werte für Z (Ausbreitung im Luftspalte überwiegt), bei kleinem Hube, also großer Sättigung, ganz phantastische Zugkräfte.

[1]) Cohn, a. a. O., S. 258, Formel 20; vgl. auch „Kalender für Elektrotechniker" 1910, S. 61.
[2]) Cohn, a. a. O., S. 518, Formel 5.
[3]) Über die Behandlung von Unstetigkeitsflächen: Cohn, a. a. O., S. 92—93.
[4]) Diese Ableitung verdanke ich ebenfalls Herrn Prof. Emde.

dort wurde ja schon bewiesen, daß der wirklich nach außen zur Geltung kommende Teil der Zugkraft nicht bestimmt werden kann.

b) Die Oberflächenkräfte.

Das Volumen-Integral für die Kräfte, von dem wir eben ausgegangen sind, läßt sich nun aber nach Maxwell, der die Faraday schen „fiktiven Spannungen" auf diese Weise mathematisch darstellte, in ein Oberflächen-Integral verwandeln (vgl. dazu Cohn, S. 87 ff.), d. h. man kann setzen:

$$\Re \doteq \int \mathfrak{k}\, dv = \oint \mathfrak{p}\, do.$$

Die verschiedenen Ausdrücke für den Spannungstensor $\mathfrak{p}$ finden sich bei Cohn, (S. 204 und 517) und bei Emde (ETZ. 1911, S. 1270).

Für eine Fläche innerhalb des magnetischen Feldes, in der sich zwei Körper mit verschiedenen Magnetisierungskurven berühren, tritt dann die Differenz der „fiktiven Spannungen", die in den beiden Medien an der Berührungsfläche herrschen, als äußere Kraft in die Erscheinung. Diese äußere, allein wahrnehmbare Kraft steht immer senkrecht auf der Trennungsfläche[1]. Dies gilt auch für die Trennungsfläche Eisen—Luft eines Elektromagneten, bei dem man also, um die Zugkraft zu erhalten, nur über die Polfläche des Kernes zu integrieren braucht[2], da die Kräfte, die auf den zur Zugrichtung parallelen Seitenflächen senkrecht stehen, keinen Beitrag zur Zugkraft geben. Daraus darf man allerdings nicht schließen, daß die aus den Seitenflächen austretenden Streuflüsse nicht zur Zugkraftbildung beitragen; die von ihnen auf die Magnetisierungsspule ausgeübte Kraft $\int [J\,\mathfrak{B}]\, dv$ ist bei der Umwandlung von $\int \mathfrak{k}\, dv$ in $\oint \mathfrak{p}\, do$ mit in die Rechnung eingegangen.

Emde weist nun (ETZ. 1911, S. 1270) nach: Maxwell hat den Ausdruck $\dfrac{\mathfrak{B}^2}{8\,\pi}$ überhaupt nur für den fiktiven Spannungszustand an irgendeiner Stelle des magnetischen Feldes, nicht für die wahrnehmbare Kraft auf die Flächeneinheit der Trennungsfläche von Luft und Eisen, aufgestellt[3]. Diese wahrnehmbare Kraft (die Differenz $\mathfrak{p}_2{-}\mathfrak{p}_1$) bekommt nur bei senkrechtem Austritte und geradlinigem Übergange der Kraftlinien, und wenn außerdem die Magnetisierungslinie des Eisens als geradlinig angenommen wird, die Größe:

$$\mathfrak{p}_2 - \mathfrak{p}_1 = \frac{\mathfrak{B}^2}{8\,\pi}\,.$$

Treten aber z. B. die Kraftlinien schräg, unter den Winkeln α_1 und α_2, in Eisen bzw. Luft über (wobei $\operatorname{tg}\alpha_1 : \operatorname{tg}\alpha_2 = \mu$), so wird schon für gerade Magnetisierungslinie:

$$\mathfrak{p}_2 - \mathfrak{p}_1 = \frac{\mathfrak{B}^2}{8\,\pi}\left(\frac{\mu - 1}{\mu}\right)(1 + \mu\,\operatorname{tg}^2\alpha_2).$$

Euler hat darauf hingewiesen (a. a. O. S. 81), daß diese Formel für die Berechnung der Zugkraft unbrauchbar ist, sobald die Kraftlinien streifend aus der Eisenoberfläche austreten, so daß der Einfallswinkel α_2 in Luft so groß wird, daß $\mu \cdot \operatorname{tg}^2\alpha_2$ aufhört, eine kleine Zahl zu sein. Der experimentelle Nachweis, daß diese Bedingung z. B. bei sehr spitzer Kegelform des Magnetpoles zutrifft, ist allerdings noch nicht geführt worden. Es kommt aber dazu, daß selbst diese Formel nicht mehr gilt, sobald die veränderliche Permeabilität des Eisens nicht mehr vernachlässigt werden kann.

---

[1] Vgl. dazu auch Kauffmann in Müller-Pouillet, Lehrbuch der Physik. IV. 1, Magnetismus und Elektrizität, Braunschweig 1909, S. 60—117.

[2] Die Integration ist trotz der Unstetigkeit von u hier möglich, da der grad μ in den Gleichungen für die Differenz der fiktiven Spannungen nicht mehr vorkommt. Vgl. Cohn, S. 92.

[3] Über das Verhältnis der fiktiven Spannungen Maxwells zu den elastischen siehe besonders: F. Pockels, Enz. d. math. Wiss., Bd. V, Art. 16, Nr. 2, S. 356—359.

Am Schlusse dieses Kapitels sei noch auf die folgende Schwierigkeit hingewiesen. Die Zugkraft wurde zuerst aus der magnetischen Energie berechnet, und es zeigte sich, daß sie abhängig ist von der Ä n d e r u n g dieser Energie. Daraus folgt, daß die Zugkraft durch den gegenwärtigen Zustand allein (also auch durch ein einzelnes Kraftlinienbild) n i c h t bestimmt ist, sondern daß man zwei (evtl. unendlich) benachbarte Lagen kennen muß, wenn man sie berechnen will. Andererseits haben wir für die Volumen- und Oberflächenkräfte Ausdrücke angeführt, wir besitzen die „Maxwellsche Formel" und andere, die alle nur für einen bestimmten Zustand gelten und die Größe der Zugkraft auf Grund dieses momentanen Zustandes angeben. Der Widerspruch erklärt sich daraus, daß alle die eben erwähnten Formeln abgeleitet worden sind und nur abgeleitet werden konnten, indem man zwei unendlich benachbarte Lagen betrachtete und dem Felde eine gewisse Gesetzmäßigkeit zuschrieb, nach der es sich beim Übergange von der einen zur anderen Lage stets ändert. Daß man so vorgehen muß, liegt an dem Wesen des Kraftbegriffes überhaupt; denn ohne eine Verrückung oder Verzerrung können wir ja eine Kraft gar nicht wahrnehmen. Es enthalten also die Formeln, die scheinbar nur einen bestimmten Zustand, ein bestimmtes Kraftlinienbild voraussetzen $\left(\text{wie z. B. } \dfrac{\mathfrak{B}^2 \, F}{8 \, \pi}\right)$, in sich schon die Voraussetzungen über eine bestimmte Ä n d e r u n g des Zustandes. Erst die Änderung des Kraftlinienbildes mit dem Hube bestimmt im letzten Grunde die Zugkraft.

In den theoretischen Ableitungen dieses Kapitels ist bewiesen worden, daß die allgemein bekannte und benutzte Zugkraftformel nur in Sonderfällen Gültigkeit hat. Es scheint auch zunächst nicht möglich, eine andere, allgemein gültige, praktisch verwertbare analytische Formel für die Zugkraft abzuleiten, und auch die graphische Methode führt nur unvollkommen zum Ziele.

Es soll daher nun versucht werden, auch hier den Weg einzuschlagen, den die Technik so oft geht: die einfachste, aber ungenaue Rechnungsart (hier die „Maxwellsche Formel") zu verwenden und die dabei bewußt begangenen Fehler durch Anwendung von Erfahrungsfaktoren zu verbessern.

VI. Über die Verwendung der „Maxwellschen Formel" bei der Berechnung von Zugmagneten.

Zwei Gründe sind es, warum bei der Berechnung von Zugmagneten die „Maxwellsche Formel" kein richtiges Resultat gibt. Im vorigen Abschnitte wurde gezeigt, daß diese Formel nur in bestimmten Fällen Gültigkeit hat, selbst wenn man die wirklich auf der Eisenoberfläche F_0 herrschende Induktion $\mathfrak{B}_0$ kennt und in die Formel einsetzt. Dazu kommt als zweites, daß dieser wahre Wert $\mathfrak{B}_0$ bei der Vorausberechnung eines Magneten noch unbekannt ist und, meist unter Verwendung eines Streufaktors, geschätzt werden muß.

Will man also die „Maxwellsche Formel" anwenden, so zerfällt die Berechnung eines Magneten in zwei Teile:

1. Ermittlung der wahren Werte $\mathfrak{B}_0$ und Φ_0 auf der Polfläche — dazu sind Erfahrungsfaktoren (Streufaktor) nötig;
2. Berechnung der Zugkraft unter Einsetzung von $\mathfrak{B}_0$ in die „Maxwellsche Formel" — dazu sind ebenfalls Korrekturglieder nötig mit Rücksicht auf die Ergebnisse des vorigen Abschnittes.

Im folgenden werden diese Korrekturglieder für den Versuchsmagneten ermittelt und besprochen.

1. Die Induktion auf der Polfläche.

Als gegeben kann man eine bestimmte Ampere-Windungszahl (Durchflutung)[1] ansehen, als gesucht den von dieser Durchflutung erzeugten Kraftfluß Φ_0 durch die Polfläche des Zugmagneten.

---

[1] Betr „Durchflutung" vgl. ETZ. 1911, S. 722.

Um beim Versuchsmagneten Messung und Rechnung vergleichen zu können, mußte man die Magnetisierungskurve des verwendeten Eisenbleches kennen. Die Kurve wurde mittels Köpsel-Apparates bis zu den Werten $\mathfrak{H} \approx 300$, $\mathfrak{B} \approx 20\,000$ aufgenommen und ist in Fig. 44 dargestellt (Kurve I). Höhere Induktionen waren mit dem verwendeten Köpsel-Apparate nicht zu erreichen, wurden aber zur Berechnung gebraucht, da laut Zahlentafel 11 Induktionen bis 24 400 gemessen worden waren. Die einfache geradlinige Verlängerung der Kurve gab offenbar falsche Resultate. Deshalb wurde die Arbeit von Gumlich: „Über die Messung hoher Induktionen"[1]) herangezogen. Gumlich gibt u. a. die Werte für zwei verschiedene Blechsorten (1043 und 1045) bis $\mathfrak{B} = 25\,000$ an;

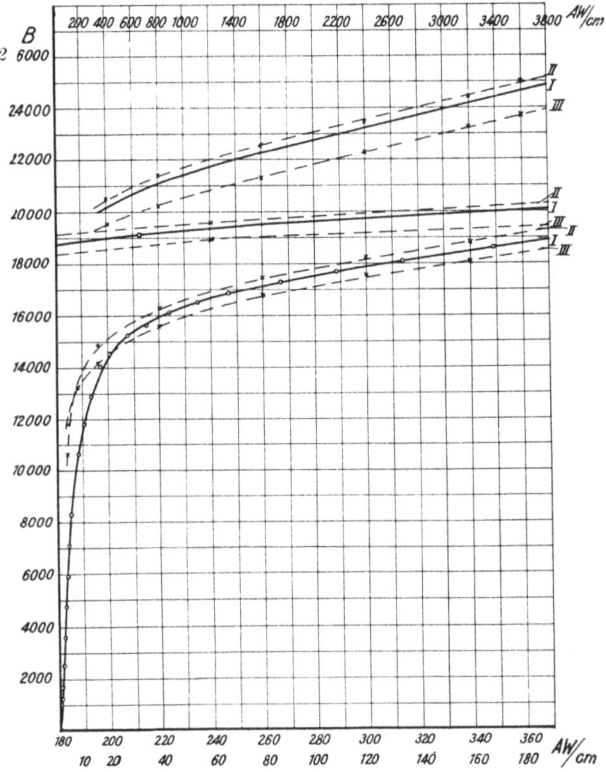

Fig. 44. Magnetisierungskurve des verwendeten Eisenbleches (I).
Kurve II: Dynamoblech Nr. 1043.　　　Kurve III: Dynamoblech Nr. 1045.

von $\mathfrak{B} = 16\,000$ bis $\mathfrak{B} = 20\,000$ liegt nun unsere mit dem Köpsel-Apparate gemessene Kurve I zwischen den Kurven II und III dieser beiden von Gumlich untersuchten Blechsorten. Ohne allzu großen Fehler durfte man also wohl die Verlängerung über 20 000 hinaus so machen, wie in Fig. 44 geschehen. Tatsächlich erhält man auch unter Benutzung dieser Kurve für die gemessenen Induktionen (vgl. Zahlen-Tafel 11 und Fig. 23—30) annähernd die wirkliche Durchflutung bzw. Stromstärke[2]).

Es wurde nun eine Anzahl von Versuchen gemacht, Anhaltspunkte zu gewinnen für eine einigermaßen genaue Vorausberechnung des Kraftlinienverlaufes unter Berück-

---

[1]) ETZ. 1909, S. 1065.
[2]) Genaue Kontrolle der Magnetisierungskurve war nicht möglich, da der mittlere Querschnitt im Luftspalte nur geschätzt werden konnte.

sichtigung der Streuung. Sie führten alle nicht zum Ziele, trotzdem das Resultat (die Kraftlinienbilder der Fig. 23—30) bekannt war.

Die Untersuchungen des Abschnittes V haben aber gezeigt, daß die genaue Kenntnis des Kraftlinienverlaufes nicht von unmittelbarer praktischer Bedeutung ist. Denn die Wege, die die Kenntnis des Verlaufes der Kraftlinien voraussetzen (Benutzung der Kraftflußwindungen, der Kraftlinienschnitte), haben sich als wenig vorteilhaft für die Berechnung der Zugkraft erwiesen. Es soll also versucht werden, ob man nicht auf einem der anderen Wege, wo man die Streuung im einzelnen nicht zu kennen braucht, dem Ziele näher kommen kann. Wenn hier z. B. nur die einfache „Maxwellsche Formel" benutzt werden soll, so genügt vielleicht ein Erfahrungsfaktor, mit dessen Hilfe man die wahre Induktion $\mathfrak{B}_0$ auf der Polfläche ermitteln kann, wenn man eine ideelle Induktion $\mathfrak{B}_i$ aus der gegebenen Durchflutung errechnet hat[1]). In jedem Falle, bei der Berechnung jedes Magneten, kann man die Mittellinie des magnetischen Kreises auch als Mittellinie eines ideellen Kraftflusses Φ_i betrachten; den magnetischen Widerstand für diesen Fluß Φ_i erhält man dann unter der Voraussetzung, daß keine Streuung, keine Ausbreitung der Kraftlinien im Luftspalte vorhanden ist, daß der Kraftfluß in voller Größe und ganz homogen den gesamten magnetischen Kreis durchläuft. Für diese Rechnung soll es dann auch gleichgültig sein, ob die Polflächen senkrecht oder schräg zur Zugrichtung stehen, der Luftspalt ist mit seiner Länge in Zugrichtung einzusetzen, da der ideelle Kraftfluß in dieser Richtung läuft. — So kann man mit Hilfe der Magnetisierungskurve des verwendeten Eisens die Kurven $\Phi_i = f\,[AW]$ für jede Hublänge des Magneten aufstellen und erhält dann für jede Stellung und Erregung des Magneten die ideellen Werte Φ_i und $\mathfrak{B}_i = \Phi_i/F_0$.

Der Koeffizient, mittels dessen man aus Φ_i und $\mathfrak{B}_i$ die wahren Werte Φ_0 und $\mathfrak{B}_0$ berechnen soll, muß nun natürlich alle Unregelmäßigkeiten des Kraftflusses, d. h. die gesamte Streuung, die Ausbreitung im Luftspalte, die ungleichmäßige Verteilung über den Querschnitt usw. berücksichtigen. Er sei mit $\varkappa$ bezeichnet und sei definiert durch:

$$\varkappa = \frac{\Phi_i}{\Phi_0} = \frac{\mathfrak{B}_i}{\mathfrak{B}_0},$$

also:

$$\Phi_0 = \frac{\Phi_i}{\varkappa} \qquad \mathfrak{B}_0 = \frac{\mathfrak{B}_i}{\varkappa},$$

d. h., wenn man die errechnete Induktion $\mathfrak{B}_i$ durch $\varkappa$ dividiert, bekommt man die auf der Polfläche vorhandene mittlere Induktion $\mathfrak{B}_0$, die dann in der „Maxwellschen Zugkraftformel" verwertet wird.

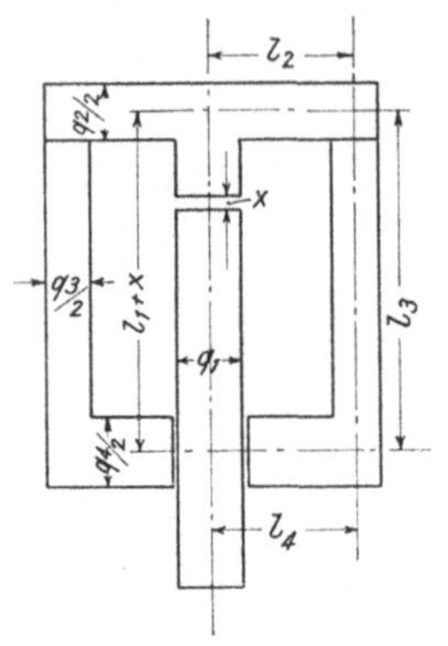

Fig. 45.
Maßskizze des Magnetgestelles.

$l_1 = 30,5 - x$ cm	$q_1 = 35,4$ qcm
$l_2 = 13,0$ „	$q_2 = 58,7$ „
$l_3 = 30,5$ „	$q_3 = 52,5$ „
$l_4 = 13,0$ „	$q_4 = 70,6$ „

---

[1]) Auf die Ableitung und Berechnung des üblichen Streukoeffizienten wurde aus folgendem Grunde verzichtet. Er ist meist definiert durch:

$$\sigma = \frac{\Phi_t}{\Phi_0},$$

wobei Φ_t der totale, d. h. der an irgendeiner Stelle des magnetischen Kreises auftretende maximale Kraftfluß, Φ_0 der „nützliche", durch die Polfläche tretende Kraftfluß ist. Kennt man also σ als Erfahrungszahl, so ist zwar für einen verlangten Kraftfluß Φ_0 der erforderliche maximale Kraftfluß Φ_t bekannt, dagegen kennt man noch nicht die zur Erzeugung von Φ_t nötige Durchflutung. Um diese ermitteln zu können, muß man doch erst wieder neue Annahmen über den magnetischen Widerstand (Ausbreitung des Flusses im Luftspalte usw.) machen.

Der Koeffizient $\varkappa$ ist für einen gegebenen Magneten nicht konstant, er ist wie die Streuung abhängig von Stromstärke und Hub. Welcher Art diese Abhängigkeit ist, wurde an dem Versuchsmagneten geprüft.

Mit Hilfe der Eisenkurve der Fig. 44 wurden die ideellen Magnetisierungskurven des Magneten aufgestellt, die dabei benutzten Maße sind unter Fig. 45 eingetragen[1]). Fig. 46 zeigt die Kurven $\Phi_i = f\,[AW]$, und aus ihnen können nun die ideellen Kraftflüsse für dieselben Stromstärken und Hübe entnommen werden, für die die wahren Werte Φ_0 bereits aus den Messungen des Abschnittes IV, 20, bekannt sind (dort sind die Werte Φ_0 zur Berechnung von Z_M in Tafel 1—3 benutzt worden). Aus den zusammengehörigen Werten von Φ_0 und Φ_i ergibt sich dann

$$\varkappa = \frac{\Phi_i}{\Phi_0}.$$

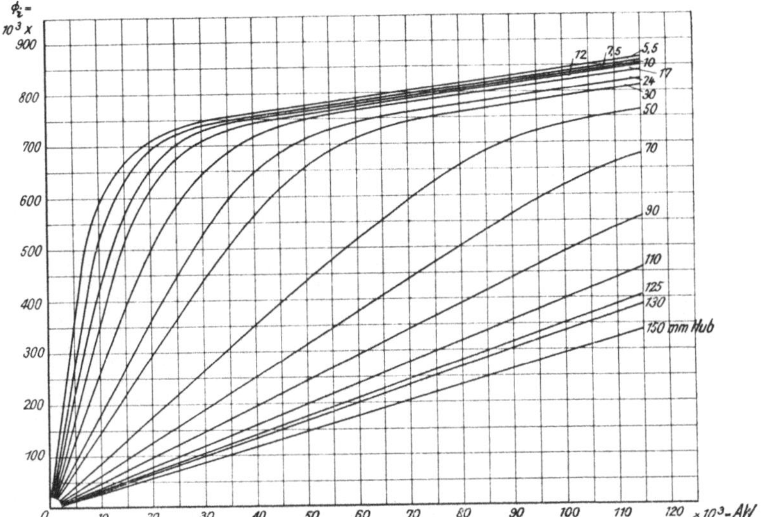

Fig. 46.   Ideelle Magnetisierungskurven des Magneten.

Die Zahlentafeln 17—19 enthalten die errechneten Werte von $\varkappa$ für alle drei Kerne, in Fig. 47—49 ist $\varkappa = f\,[Hub]$ für verschiedene Stromstärken[2]) dargestellt.

Zwei Erscheinungen sind es im wesentlichen, die den Verlauf der $\varkappa$-Kurve beeinflussen, und deren Wirkung sich aus den Kurven erkennen läßt:

a) Die Streuung im engeren Sinne, d. h. der Übertritt von Kraftlinien durch die Luft vom Kerne zum Gehäuse. Durch diese Streuung wird der Kraftfluß auf der Polfläche vermindert gegenüber dem ideellen Werte, Φ_0 wird kleiner als Φ_i,

$$\varkappa = \frac{\Phi_i}{\Phi_0} > 1.$$

b) Die Ausbreitung des Kraftflusses im Luftspalte: der Kraftfluß hält nicht den bei der Berechnung vorausgesetzten geraden Weg ein, ein größerer Querschnitt steht ihm zur Verfügung, der Widerstand im Luftspalte ist geringer als angenommen, die magnetomotorische Kraft kann einen größeren Fluß Φ_0 hindurchtreiben, Φ_0 wird größer als Φ_i,

$$\varkappa = \frac{\Phi_i}{\Phi_0} < 1.$$

---

[1]) Es ist $q_3 = 46{,}9\ \text{cm}^2 +$ ca. 12 % für die Bolzen; vgl. S. 35.

[2]) Es entspricht ein Strom von $i = 1$ Amp einer Durchflutung von 1404 AW und einer Stromdichte von $J = 7{,}02$ Amp/cm² (Spulenquerschn.).

Zahlentafel 17.

Korrekturfaktor $\varkappa$ für den Magneten mit Kern I.

$$\varkappa = \frac{\Phi_i}{\Phi_0} = \frac{\mathfrak{B}_i}{\mathfrak{B}_0}.$$

Hub mm:	5,5	10	17	24	30	50	70	90	110	130	150
5 Amp.	1,31	1,14	0,92	0,825	0,762	0,626	0,543	0,502	0,468	0,472	0,490
10 ,,	1,44	1,49	1,24	1,025	0,904	0,673	0,550	0,503	0,472	0,464	0,494
15 ,,	1,36	1,56	1,48	1,24	1,10	0,775	0,612	0,518	0,477	0,463	0,484
20 ,,	1,30	1,52	1,57	1,42	1,27	0,885	0,686	0,564	0,492	0,469	0,493
30 ,,	1,22	1,39	1,59	1,61	1,54	1,088	0,750	0,670	0,564	0,500	0,500
40 ,,	1,19	1,32	1,50	1,59	1,59	1,24	0,960	0,766	0,640	0,556	0,522
50 ,,	1,11	1,28	1,43	1,51	1,56	1,38	1,088	0,868	0,713	0,624	0,568
60 ,,	1,14	1,25	1,38	1,45	1,49	1,45	1,172	0,941	0,772	0,669	0,598
70 ,,	1,13	1,23	1,34	1,40	1,44	1,45	1,25	1,004	0,833	0,724	0,633

Zahlentafel 18.

Korrekturfaktor $\varkappa$ für den Magneten mit Kern II.

$$\varkappa = \frac{\Phi_i}{\Phi_0} = \frac{\mathfrak{B}_i}{\mathfrak{B}_0}.$$

Hub mm:	7,5	10	17	24	30	50	70	90	110	130	150
5 Amp.	0,843	0,712	0,598	0,534	0,513	0,473	0,452	0,445	0,422	0,433	0,461
10 ,,	1,168	1,122	0,928	0,759	0,692	0,544	0,472	0,449	0,432	0,433	0,462
15 ,,	1,222	1,272	1,172	0,994	0,884	0,668	0,558	0,490	0,447	0,436	0,462
20 ,,	1,222	1,300	1,322	1,192	1,071	0,786	0,636	0,540	0,478	0,448	0,468
30 ,,	1,198	1,268	1,420	1,440	1,392	1,032	0,740	0,673	0,574	0,510	0,503
40 ,,	1,168	1,122	1,396	1,480	1,510	1,226	0,980	0,768	0,672	0,587	0,546
50 ,,	1,158	1,218	1,360	1,468	1,518	1,392	1,130	0,914	0,759	0,668	0,614
60 ,,	1,142	1,192	1,322	1,421	1,482	1,493	1,248	1,018	0,843	0,742	0,671
70 ,,	1,139	1,180	1,282	1,376	1,428	1,492	1,343	1,105	0,924	0,803	0,712

Zahlentafel 19.

Korrekturfaktor $\varkappa$ für den Magneten mit Kern III.

$$\varkappa = \frac{\Phi_i}{\Phi_0} = \frac{\mathfrak{B}_i}{\mathfrak{B}_0}.$$

Hub mm:	—	12	17	24	30	50	70	90	110	125	—
5 Amp.	—	0,517	0,445	0,351	0,326	0,288	0,291	0,309	0,323	0,355	—
10 ,,	—	0,884	0,746	0,592	0,522	0,401	0,352	0,347	0,353	0,372	—
15 ,,	—	1,08	0,979	0,805	0,707	0,530	0,448	0,408	0,397	0,415	—
20 ,,	—	1,140	1,130	0,995	0,893	0,649	0,529	0,471	0,444	0,454	—
30 ,,	—	1,16	1,22	1,23	1,166	0,907	0,639	0,598	0,539	0,528	—
40 ,,	—	1,14	1,22	1,28	1,295	1,060	0,858	0,727	0,632	0,597	—
50 ,,	—	1,111	1,190	1,27	1,31	1,208	0,988	0,832	0,725	0,694	—
60 ,,	—	1,098	1,17	1,246	1,295	1,318	1,111	0,933	0,803	0,758	—
70 ,,	—	1,082	1,148	1,212	1,258	1,33	1,20	1,02	0,880	0,818	—

Die beiden Erscheinungen wirken sich also entgegen, und je nachdem, ob die eine oder andere Wirkung überwiegt, wird $\varkappa$ größer oder kleiner als 1.

Die $\varkappa$-Kurven der Figuren 47—49 zeigen alle annähernd den gleichen Charakter. Sie nehmen bei Hub 0 in der Nähe von $\varkappa = 1$ ihren Anfang, steigen an bis zu einem Maximalwerte von etwa 1,3—1,6, den sie zwischen 0 und 50 mm erreichen, um dann langsam abzufallen bis auf $\varkappa = 0,3$—0,6 bei größtem Hube.

Das heißt: Bei kleinstem Hube, wo eine Ausbreitung im Luftspalte (b) noch nicht in Frage kommt, ist auch die Streuung (a) gering. Deren Einfluß wächst stark an, wenn der Luftspalt sich vergrößert; das ist auch erklärlich, denn der Widerstand des Hauptkreises

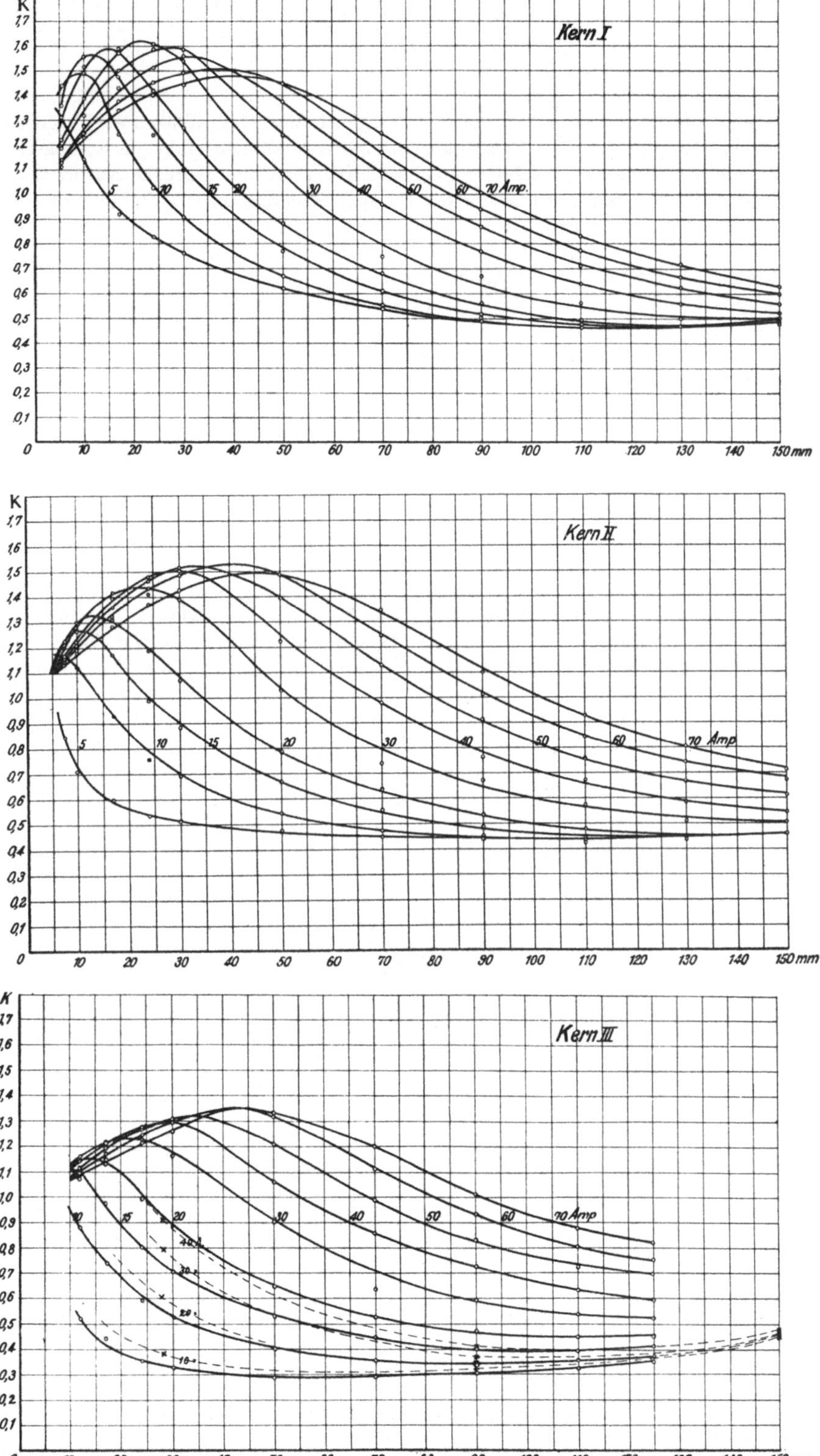
Kern I
Kern II
Kern III
70 Amp.
150 mm

vergrößert sich mit dem Luftspalte, während der des Streukreises zunächst annähernd konstant bleibt. Der Streuflusse wächst also im Vergleich zum Hauptfluß, $\varkappa$ wird größer und erreicht ein Maximum. Dieses Maximum tritt bei wachsendem Hube um so später ein, je größer die Sättigung ist. Nachdem es überschritten ist, überwiegt die Ausbreitung im Luftspalte (b) immer mehr, zumal da der für den Streufluß (a) zur Verfügung stehende Querschnitt jetzt immer kleiner wird. Ist $\varkappa = 1$, d. h. $\Phi_0 = \Phi_i$, so heben sich die beiden Wirkungen (a) und (b) gerade auf, und auch dieser Zustand tritt umso später ein, je größer die Sättigung ist; für kleinste Stromstärke schon bei geringem Hube, für große Sättigung erst bei 90—100 mm. $\varkappa$ nimmt weiter ab, bleibt dann so lange annähernd konstant, wie die Ausbreitung im Luftspalt etwa proportional der Länge des Luftspaltes wächst, und nimmt gegen Ende des Hubes noch wieder ein wenig zu.

Bemerkenswert ist, daß die $\varkappa$-Kurven für alle drei Kerne die gleiche Form zeigen; der Winkel der Polfläche ist also hier nicht von großem Einflusse auf $\varkappa$. Für schrägen Pol ist $\varkappa$ durchgehend etwas kleiner, dabei sind die Kurven etwas flacher, die Schrägstellung der Polflächen wirkt also auch hier ausgleichend über der Hublänge, genau wie bei der Zugkraft.

Man darf jetzt folgenden Schluß ziehen: da der Verlauf der $\varkappa$-Kurven aus den allgemeinen Streuungsverhältnissen erklärt werden konnte, die durch die geometrische Gestalt des Magneten bedingt sind, so werden sich ähnliche Formen der Kurven, wie hier, für alle Zugmagneten von ähnlicher geometrischer Gestalt ergeben.

Um auch an einer anderen Magnetform den Charakter der $\varkappa$-Kurven zu untersuchen, wurde diese Behauptung an dem von Euler[1]) gemessenen zylindrischen Zugmagneten, für den alle erforderlichen Zahlen a. a. O. zu finden sind, nachgeprüft. Die ermittelten $\varkappa$-Kurven für 4 Stromstärken sind in Fig. 49 schwach gestrichelt eingezeichnet. Sie sind noch etwas mehr abgeflacht als die zu unserm Kerne III gehörigen Kurven: eine Folge der allseitigen Abschrägung des kegelförmigen Kernes. Die absoluten Werte von $\varkappa$ stimmen nicht überein, auch nicht, wenn man sie auf gleiche Durchflutungen bezieht[2]). $\varkappa$ ist bei Eulers Magnet kleiner als beim Versuchsmagneten, d. h. bei gleicher Durchflutung ist das Verhältnis des wirklichen zum ideellen Kraftflusse durch die Polfläche günstiger, die Zugkraft größer. Auch das Ansteigen der $\varkappa$-Kurve höher als $\varkappa = 1$ bei kleinem Hube ist nicht zu beobachten.

Zahlentafel 20.

$$\varkappa = f\left[\frac{\text{Hub}}{J^{\text{n}}}\right]$$

für den Magneten mit Kern I.

$\varkappa$	Strom i Amp. =	10	15	20	30	40	50	60	70	
	Stromdichte $J = 7{,}02 \cdot i$ Amp./cm² =	70,2	105,3	140,4	210,6	280,8	351	421	491	
	$J^{0,8}$ =	30,0	41,8	52,8	72,2	91,4	110	127	143	
1,3	$\dfrac{\text{Hub}}{J^{0,8}}$ =	0,083	0,084	0,104	0,103	0,104	0,100	0,098	0,098	0,097
1,4	,, =	0,133	0,119	0,142	0,137	0,160	0,146	0,150	0,154	0,143
1,5	,, =	0,367	0,383	0,398	0,442	0,400	0,483	—	—	0,412
1,4	,, =	0,483	0,467	0,464	0,510	0,460	0,442	0,427	0,400	0,457
1,2	,, =	0,616	0,610	0,625	0,623	0,570	0,550	0,537	0,510	0,580
1,0	,, =	0,832	0,815	0,815	0,739	0,702	0,684	0,663	0,637	0,736
0,8	,, =	1,23	1,12	1,08	0,94	0,92	0,89	0,85	0,81	0,98
0,7	,, =	1,57	1,39	1,27	1,12	1,07	1,03	0,97	0,92	1,17
0,6	,, =	2,04	1,72	1,53	1,40	1,30	1,23	1,15	—	1,48

[1]) a. a. O., Fig. 5.
[2]) 20 Amp beim Versuchsmagneten $= 20 \times 1404 = 28\,080$ AW;
40 Amp bei Eulers Magneten $= 40 \times 1088 = 44\,120$ AW.

Zahlentafel 21.

$$x = f\left[\frac{\text{Hub}}{J^n}\right]$$

für den Magneten mit Kern II.

x	Strom i Amp. =	10	15	20	30	40	50	60	70	
	Stromdichte $J = 7{,}02 \cdot i$ Amp./cm² =	70,2	105,3	140,4	210,6	280,8	351	421	491	
	$J^{0,9}$ =	45,7	65,9	85,4	123	160	196	229	265	Mittel
1,2	$\dfrac{\text{Hub}}{J^{0,9}}$ =	—	0,106	0,084	0,061	0,053	0,049	0,046	0,044	0,063
1,3	,, =	—	—	0,117	0,094	0,079	0,069	0,068	0,069	0,083
1,4	,, =	—	—	—	0,135	0,108	0,098	0,096	0,102	0,108
1,5	,, =	—	—	—	—	0,157	0,139	0,142	—	0,146
1,4	,, =	—	—	—	0,213	0,251	0,253	0,251	0,246	0,243
1,3	,, =	—	—	0,215	0,267	0,288	0,293	0,288	0,281	0,272
1,2	,, =	—	0,239	0,276	0,315	0,324	0,331	0,320	0,310	0,302
1,0	,, =	0,329	0,362	0,386	0,413	0,410	0,411	0,398	0,384	0,387
0,8	,, =	0,470	0,521	0,560	0,571	0,530	0,520	0,488	0,493	0,519
0,6	,, =	0,888	0,911	0,900	0,825	0,763	—	—	—	0,857
0,5	,, =	1,36	1,28	1,19	—	—	—	—	—	1,28

Zahlentafel 22.

$$x = f\left[\frac{\text{Hub}}{J^n}\right]$$

für den Magneten mit Kern III.

x	Strom i Amp. =	10	15	20	30	40	50	60	70	
	Stromdichte $J = 7{,}02\, i$ Amp./cm² =	70,2	105,3	140,4	210,6	280,8	351	421	491	
	$J^{1,0}$ =	70,2	105	140	211	281	351	421	491	Mittel
1,1	$\dfrac{\text{Hub}}{J^{1,0}}$ =	—	—	0,068	0,045	0,036	0,032	0,030	0,027	0,040
1,2	,, =	—	—	—	0,069	0,056	0,050	0,045	0,045	0,053
1,3	,, =	—	—	—	—	—	0,077	0,070	0,072	0,073
1,2	,, =	—	—	—	—	0,095	0,112	0,116	0,116	0,110
1,1	,, =	—	—	0,136	0,164	0,166	0,163	0,167	0,161	0,160
1,0	,, =	—	0,155	0,170	0,199	0,191	0,191	0,194	0,185	0,183
0,9	,, =	0,164	0,187	0,208	0,238	0,223	0,227	0,222	0,213	0,210
0,8	,, =	0,204	0,229	0,257	0,280	0,272	0,267	0,260	—	0,253
0,7	,, =	0,264	0,290	0,316	0,340	0,332	0,326	—	—	0,311
0,5	,, =	0,443	0,515	0,547	—	—	—	—	—	0,502
0,3	,, =	—	—	—	—	—	—	—	—	1,05

Mit den x-Kurven des Versuchsmagneten kann man noch eine weitere Vereinfachung vornehmen; es zeigt sich nämlich, daß eine Veränderung von Stromstärke bzw. Hub entgegengesetzten Einfluß auf x hat. Es gilt in jedem Falle: wenn in einem bestimmten Zustande der Faktor x mit wachsendem Hube zunimmt, so nimmt er in derselben Stellung bei wachsendem Strome ab. Umgekehrt, da wo er mit wachsendem Hube kleiner wird, wird er größer mit zunehmendem Strome. Und zwar ändert sich x bei konstantem Hube nicht proportional dem Strome, sondern etwas langsamer. Daraus folgt: für einen bestimmten Quotienten $\dfrac{\text{Hub}}{f\,(\text{Strom})}$ hat x stets denselben Wert, ganz gleich, wie groß Hub und Strom im einzelnen sind[1]).

---

[1]) Es werden damit gleichsam die x-Kurven der Fig. 47—49 so lange in Richtung der Abszissenachse zusammengeschoben, bis sie zu einer Kurve zusammenfallen.

Durch Probieren ergab sich das beste Resultat mit den geringsten Abweichungen wenn man setzt:

$$\text{für Kern } \quad \text{I} \;\; (\varphi = 90^0): \quad \varkappa = f\left[\frac{\text{Hub}}{J^{0,8}}\right]$$

$$\text{,,} \quad \text{,,} \quad \text{II} \;\; (\varphi = 45^0): \quad \varkappa = f\left[\frac{\text{Hub}}{J^{0,9}}\right]$$

$$\text{,,} \quad \text{,,} \quad \text{III} \;\; (\varphi = 30^0): \quad \varkappa = f\left[\frac{\text{Hub}}{J^{1,0}}\right] \;{}^{1)}$$

Die Zahlen-Tafeln 20—22 zeigen die Zahlenwerte, aus denen die Kurven ermittelt wurden, in Fig. 50 sind diese selbst für die drei Kerne aufgezeichnet.

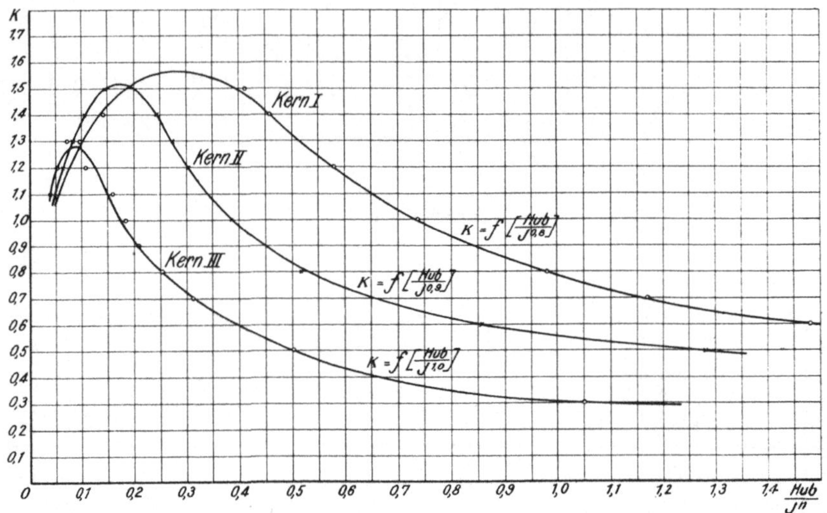

Fig. 50. Korrekturfaktor $\varkappa$, abhängig von Hub und Stromstärke, für den Magneten mit allen drei Kernen.

Ob ähnliche zusammenfassende Kurven für andere Magnetformen auch entwickelt werden können, das zu entscheiden, reicht das vorhandene Material nicht aus. Sind sie aber für irgendeinen Magneten abgeleitet, so kann man mit ihrer Hilfe den wahren Kraftfluß Φ_0 auf der Polfläche für jeden Fall ermitteln.

2. Die Beziehungen zwischen der Zugkraft und der gemessenen Induktion auf der Polfläche.

Es sei wie oben in Abschnitt IV Z_g die wahre, gemessene Zugkraft, Z_M die nach der ,,Maxwellschen Formel''

$$Z_M = \frac{\mathfrak{B}_0{}^2\, F_0}{8\,\pi}\; \text{Dynen}$$

berechnete, wobei $\mathfrak{B}_0$ die gemessene Induktion auf der Polfläche F_0 ist. Im folgenden sind die Beziehungen zwischen Z_g und Z_M für den Versuchsmagneten festgestellt[2].

---

[1] Betr. J vgl. Anm. 2, S. 61; die Stromdichte J in Amp pro qcm Spulenquerschnitt wurde eingesetzt, um den Vergleich mit anderen Magneten zu erleichtern.

[2] Die Werte von Z_g und Z_M sind aus den Zahlentafeln 1—3 entnommen, nur für Kern II ist Z_g aus den Kurven der Fig. 11 abgelesen worden.

Zuerst wurde der Versuch gemacht, für das Verhältnis $k = Z_g/Z_M$ bestimmte Regeln aufzustellen. Dies gelang nicht, denn k ist weder von der Stromstärke, noch vom Hube, noch von der Induktion eindeutig abhängig.

Eine andere Überlegung führte zu besserem Ziele: es wurde nämlich die Differenz

$$D = Z_g - Z_M$$

untersucht. In den Zahlen-Tafeln 23—25 sind die Werte von D für alle drei Kerne des Versuchsmagneten eingetragen, die Figuren 51 und 52 geben das Resultat graphisch nur für Kern II.

Die Kurven D = f [Hub] in Fig. 51 zeigen die charakteristische Form der Zugkraftkurven eines Solenoids, das einen Eisenkern in sich hineinzieht, wie sie Underhill[1]) und andere gemessen haben, und wie sie auch oben in Abschnitt IV, 4 (vgl. Fig. 31—33)

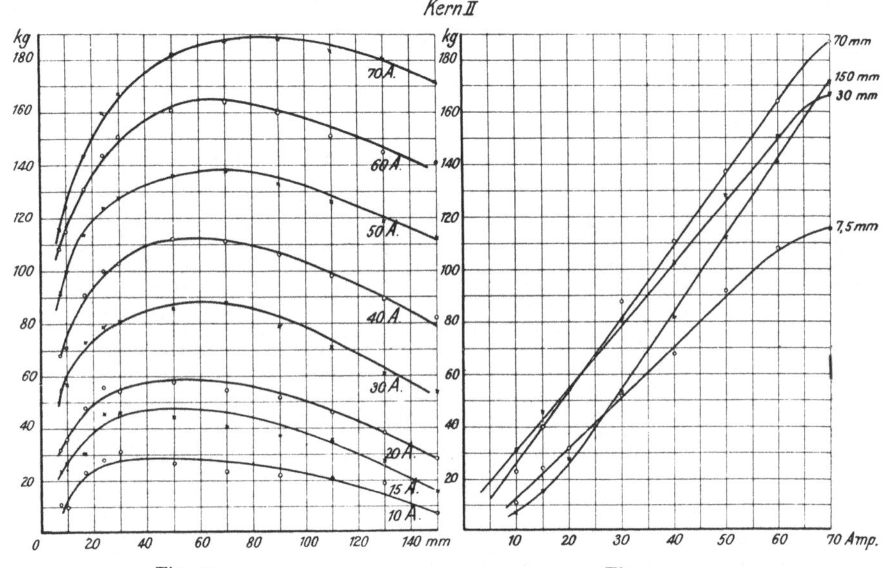

Fig. 51.

Fig. 52.

Differenz der gemessenen und der nach der „Maxwellschen Formel" berechneten Zugkraft:

$$D = Z_g - Z_M$$

abhängig vom Hube bei verschiedenen Stromstärken.

abhängig von der Stromstärke bei verschiedenen Hüben.

Zahlentafel 23.

Differenz der gemessenen und der nach der „Maxwellschen Formel" berechneten Zugkraft $D = Z_g - Z_M$ für den Magneten mit Kern I.

Hub mm	5,5	10	17	24	30	50	70	90	110	130	150
10 Amp	—	—	—	—	—	—	—	—	—	—	—
15 ,,	~ 0	8	18	20	15	13	14	7	6	·2,5	—
20 ,,	—	—	—	—	—	—	—	—	—	—	—
30 ,,	6	3	38	31	28	28	27	26	23	22	14
40 ,,	—	—	—	—	—	—	—	—	—	—	—
50 ,,	—	29	56	43	45	41	52	50	43	45	45
60 ,,	—	—	—	—	—	—	—	—	—	—	—
70 ,,	0	28	59	56	52	59	68	67	60	66	67

[1]) Underhill, Solenoids, Electromagnets and Electromagnetic Windings, London 1910, S. 40 ff., ferner Fig. 55—63 auf S. 86 ff.

Zahlentafel 24.

Differenz der gemessenen und der nach der „Maxwellschen Formel" berechneten Zugkraft $D = Z_g - Z_M$ für den Magneten mit Kern II.

Hub mm	7,5	10	17	24	30	50	70	90	110	130	150
10 Amp	11	10	23,2	28	31,2	25,8	23,1	21,9	20,7	18,6	7,1
15 ,,	24	27	30,5	45,3	45,9	44,4	40,5	37,2	35 2	27,7	15,3
20 ,,	32	36	48	55,8	54	57,6	54,4	51,8	46	38,2	28,0
30 ,,	52	57	73	79	81	86	88	79	71	60,5	54
40 ,,	68	71	91	100	103	112	111	105	98	89	82
50 ,,	92	100	114	124	128	135	137,5	132,5	126	119	112,5
60 ,,	108	115	131	144	151	161	164	160	151	145	141
70 ,,	115,5	124,5	143,5	150,5	167	182	187,5	188	183,5	180,5	171,5

Zahlentafel 25.

Differenz der gemessenen und der nach der „Maxwellschen Formel" berechneten Zugkraft $D = Z_g - Z_M$ für den Magneten mit Kern III.

Hub mm	12	17	24	30	50	70	90	110	125
10 Amp	32	39	41	41	40	33	22	16	13
15 ,,	51	63	65	63	65	69	48	39	28
20 ,,	64	65	69	71	77	70	65	54	47
30 ,,	102	98	97	99	120	110	103	97	83
40 ,,	129	122	128	118	139	137	134	123	112
50 ,,	146	149	157	156	167	171	169	161	146
60 ,,	170	177	186	187	202	206	204	187	178
70 ,,	188	204	205	210	231	239	238	225	217

gemessen worden sind: ein Maximum der Kraft, wenn die Polfläche, die Spitze des Kernes, etwa in der Mitte der Spule sich befindet (etwa 60—80 mm Hub), während bei größerem und kleinerem Hube die Kraft geringer ist. Weiter zeigt Fig. 52, daß D für konstanten Hub annähernd proportional der Stromstärke steigt, wieder ebenso wie die Zugkraft eines Solenoids.

Das heißt, die „Maxwellsche Formel" berücksichtigt im wesentlichen nur die Zugkraftwirkung zwischen den Eisenteilen (Kern und Joch), weit weniger dagegen die Zugkraft, mit der das Solenoid den Kern in sich „hineinsaugt". Allerdings ist D nicht numerisch gleich der Kraft des Solenoids, wie ein Vergleich mit den Figuren 31 bis 33 zeigt. Dort ist ferner die Zugkraft des Solenoids unabhängig von dem Polwinkel des Kernes, die Differenz D dagegen ist umso größer, je spitzer der Winkel. Man kann also nicht die Zugkraft des Magneten als die Summe zweier Teilkräfte ansehen (vgl. dazu auch oben S. 55 u. 57), man ist vielmehr gezwungen, D als Korrekturglied zu betrachten.

Dieses Korrekturglied läßt sich nun aber noch einfacher darstellen: dividiert man $D = Z_g - Z_M$ durch den jeweiligen Strom i, so fallen alle die Kurven D = f [Hub] zu einer einzigen zusammen. Man erhält so den Korrekturfaktor

$$A = \frac{Z_g - Z_M}{i},$$

der in Zahlentafel 26—28 für alle drei Kerne errechnet ist.

Die Übereinstimmung der Werte von A bei demselben Hube für verschiedene Stromstärken ist teilweise recht gut; nur in den extremen Fällen, bei großem und kleinem Hube sowie großer und kleiner Stromstärke weichen die einzelnen Werte von dem errechneten A_{mittel} erheblich ab. Da ja aber A nur Korrekturglied ist, würden diese Abweichungen, wenn man A zur Berechnung der Zugkraft benutzen will, stets nur verkleinert in das Endresultat kommen.

Zahlentafel 26.

Korrekturfaktor für die „Maxwellsche Formel

$$A = \frac{Z_g - Z_M}{i}$$

für den Magneten mit Kern I.

Hub mm:	5,5	10	17	24	30	50	70	90	110	130	150
10 Amp.	—	—	—	—	—	—	—	—	—	—	—
15 ,,	0	0,5	1,2	1,3	1,0	0,9	1,0	0,5	0,4	0,2	—
20 ,,	—	—	—	—	—	—	—	—	—	—	—
30 ,,	0,2	0,1	1,3	1,0	0,9	0,9	0,9	0,9	0,8	0,7	0,5
40 ,,	—	—	—	—	—	—	—	—	—	—	—
50 ,,	—	0,6	1,1	0,9	0,9	0,8	1,0	1,0	0,9	0,9	0,9
60 ,,	—	—	—	—	—	—	—	—	—	—	—
70 ,,	0	0,4	0,8	0,8	0,7	0,8	1,0	1,0	0,9	0,9	1,0
A$_{mittel}$:	0	0,4	1,1	1,0	0,88	0,85	0,97	0,85	0,75	0,68	0,80

Zahlentafel 27.

Korrekturfaktor für die „Maxwellsche Formel"

$$A = \frac{Z_g - Z_M}{i}$$

für den Magneten mit Kern II.

Hub mm:	7,5	10	17	24	30	50	70	90	110	130	150
10 Amp.	1,10	1,00	2,32	2,8	3,12	2,68	2,31	2,19	2,07	1,86	0,71
15 ,,	1,60	1,80	2,03	3,02	3,06	2,96	2,70	2,48	2,35	1,85	1,02
20 ,,	1,60	1,80	2,40	2,79	2,70	2,88	2,72	2,59	2,30	1,91	1,40
30 ,,	1,74	1,90	2,43	2,64	2,70	2,88	2,92	2,63	2,38	2,02	1,80
40 ,,	1,70	1,78	2,27	2,50	2,57	2,78	2,77	2,64	2,46	2,23	2,05
50 ,,	1,84	2,00	2,28	2,48	2,56	2,72	2,75	2,65	2,52	2,38	2,25
60 ,,	1,80	1,92	2,18	2,40	2,51	2,68	2,73	2,67	2,52	2,42	2,35
70 ,,	1,65	1,78	2,05	2,28	2,39	2,60	2,68	2,69	2,62	2,58	2,45
A$_{mittel}$:	1,63	1,75	2,25	2,61	2,70	2,77	2,70	2,57	2,40	2,16	1,75

Zahlentafel 28.

Korrekturfaktor für die „Maxwellsche Formel"

$$A = \frac{Z_g - Z_M}{i}$$

für den Magneten mit Kern III.

Hub mm:		12	17	24	30	50	70	90	110	125	
10 Amp.		3,2	3,9	4,1	4,1	4,0	3,3	2,2	1,6	1,3	
15 ,,		3,4	4,2	4,3	4,2	4,3	4,6	3,2	2,6	1,9	
20 ,,		3,2	3,3	3,5	3,6	3,9	3,5	3,3	2,7	2,4	
30 ,,		3,4	3,3	3,2	3,3	4,0	3,7	3,4	3,2	2,8	
40 ,,		3,2	3,1	3,2	4,0	4,5	4,4	4,4	4,1	3,8	
50 ,,		2,9	3,0	3,1	3,1	3,3	3,4	3,4	3,2	2,9	
60 ,,		2,8	3,0	3,1	3,1	3,4	3,4	3,4	3,1	3,0	
70 ,,		2,7	2,9	2,9	3,0	3,3	3,4	3,4	3,2	3,1	
A$_{mittel}$:		3,10	3,34	3,43	3,55	3,84	3,71	3,34	2,96	2,65	

Fig. 53 für alle drei Kerne zeigt die Kurven $A = f$ [Hub], über die sich folgendes sagen läßt: Die absoluten Werte von A, wie sie hier erhalten worden sind, gelten nur für den vorliegenden Magneten; um ihnen größere Gültigkeit zu geben (für andere Windungszahl, Spannung und Stromstärke), ist der Wert von A noch umgerechnet worden in $A' = \dfrac{Z_g - Z_M}{J}$ wobei J wieder die mittlere Stromdichte pro qcm des Spulenquerschnittes ist. Der Maßstab von A' ($\approx \frac{1}{7} A$) ist in Fig. 53 rechts eingetragen.

Der Verlauf der A-Kurven wird aber ebenso wie oben der der ϰ-Kurven annähernd der gleiche sein bei Magneten, deren Form ähnlich dem des Versuchsmagneten ist. Es wird immer zutreffen:

1. A ist umso größer, je spitzer der Winkel zwischen Polfläche und Zugrichtung ist. (Einfluß des schrägen Austrittes der Kraftlinien und der dadurch bedingten größeren Ungleichförmigkeit in der Verteilung des Kraftflusses, größeren Streuung usw.)

2. A ist für einen bestimmten Kern am größten, wenn die Polfläche etwa in der Mitte der Spule sich befindet (größter Einfluß der Kraftwirkung zwischen Spule und Eisen).

A, der „Fehler der Maxwellschen Formel", ist also am kleinsten, wenn die Polfläche senkrecht zur Zugrichtung steht, und wenn diese Polfläche sich an den Enden der Magnetisierungsspule befindet. In diesem Falle „stimmt" die „Maxwellsche Formel" am besten.

So kann man vielleicht auch die Tatsache erklären, auf die oben S. 33 aufmerksam gemacht wurde. Bei dem von Euler untersuchten Magneten gab die „Maxwellsche Formel" die richtigsten Werte für großen Hub, bei dem Versuchsmagneten für kleinen Hub. Der Grund dafür kann folgender sein: In der Stellung des kleinsten Hubes (28 mm) befand sich die Polfläche von Eulers Magnet noch 48 mm vom Ende der Spule entfernt, also ist A noch verhältnismäßig groß. Im Versuchsmagneten stand die Polspitze (des Kernes III), wenn der Hub am kleinsten war, viel näher dem Spulenende, daher ist A klein. — Aus dem von Euler a. a. O. gegebenen Zahlenmaterial ließen sich wenigstens drei Punkte der A-Kurve ermitteln. Zahlen-Tafel 29 enthält die Berechnung dieser Punkte, in Fig. 53 ist die Kurve, soweit die drei Punkte das möglich machen, schwach gestrichelt eingezeichnet. Das Maximum scheint etwa bei einem Hube von 25 mm zu liegen.

Zahlentafel 29.

Korrekturfaktoren D und A für einen Gleichstrom - Zugmagneten.

Hub: =	28 mm				90 mm				150 mm			
Strom i	10	20	30	40	10	20	30	40	10	20	30	40
Stromdichte $J = 15{,}4\,i$:	154	308	462	616	154	308	462	616	154	308	462	616
Gemess. Zugkraft Z_g:	280	470	596	703	43	158	309	444	10	42	91	146
Berechn. Zugkraft Z_M:	233,7	391,7	453,5	499,4	46,9	169,0	280,2	374,7	10,14	41,2	94,9	146,8
$D = Z_g - Z_M$	46	78	142	204	— 4	— 11	29	69	— 0	+ 1	— 4	— 1
$A = \dfrac{Z_g - Z_M}{J}$	0,30	0,25	0,31	0,33	— 0,03	— 0,04	0,06	0,11	— 0	+ 0	— 0,01	— 0
A_{mittel}	0,30				+ 0,03				± 0			

Noch eine Berechnung wurde vorgenommen; es wurden die A-Kurven für den in Abschnitt IV, 4, beschriebenen und gemessenen Magneten aufgestellt, d. h. für den Versuchsmagneten ohne Gegenpol. Auch in diesem Falle, wo doch die Verhältnisse, d. h. Verteilung des Eisens, Kraftlinienverlauf, Zugkraft, sich erheblich geändert haben, zeigen die A-Kurven (in Fig. 54 eingezeichnet) ganz ähnlichen Verlauf wie oben.

Auf Grund der Überlegungen der letzten beiden Abschnitte würde sich also die Berechnung eines neuen Zugmagneten — unter der Voraussetzung, daß die Kurven für ϰ und A etwa aus ähnlichen früher gebauten Magneten annähernd bekannt sind — folgendermaßen gestalten:

Ohne Rücksicht auf irgendwelche Streuung, Kraftfluß-Ausbreitung usw. werden an Hand der $\mathfrak{B}$-$\mathfrak{H}$-Kurve des benutzten Eisens die ideellen Magnetisierungskurven des Magneten aufgestellt. Für den Zustand, für den die Zugkraft berechnet werden soll, wird Φ_i aus den Kurven entnommen, und man erhält nacheinander:

$$\Phi_i, \quad \mathfrak{B}_i = \frac{\Phi_i}{F_0}, \quad \mathfrak{B}_0 = \frac{\mathfrak{B}_i}{\varkappa}, \quad Z_M = \left(\frac{\mathfrak{B}_0}{1000}\right)^2 \cdot \frac{F_0}{24{,}65} \cdot \sin \varphi \ \text{kg}$$

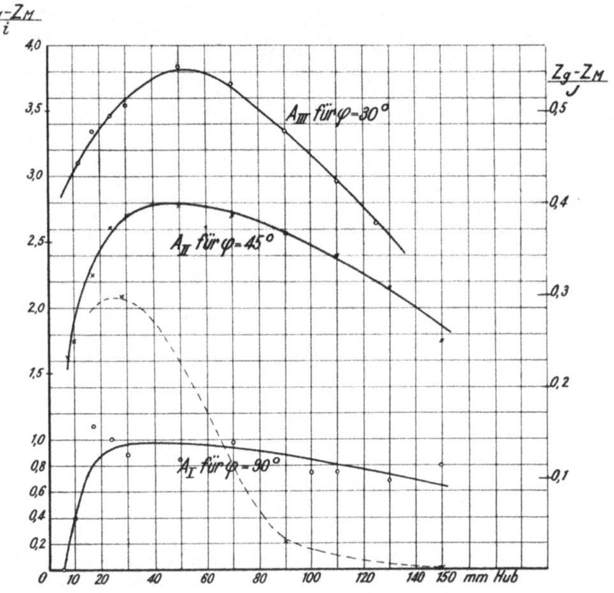

Fig. 53.

Korrekturglied $A = \dfrac{Z_g - Z_M}{i}$, abhängig vom Hube für den Magneten mit allen drei Kernen.

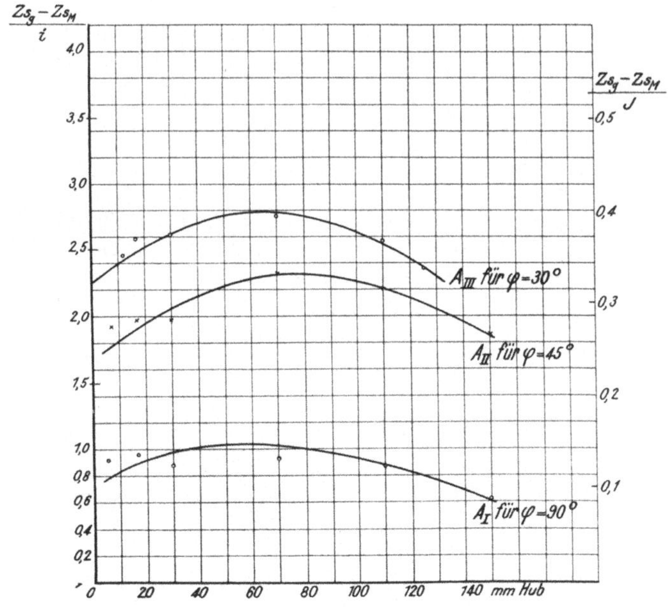

Fig. 54.

Korrekturglied $A = \dfrac{Z_{sg} - Z_{sM}}{i}$, abhängig vom Hube für den Magneten ohne Gegenpol mit allen drei Kernen.

und endlich, da

$$A = \frac{Z_g - Z_M}{J},$$

auch

$$Z_g = Z_M + A J \text{ kg}.$$

Es wäre also von großem Werte, wenn man für viele verschiedene Magnetformen den Verlauf der A-Kurven und der ϰ-Kurven einmal bestimmte, so daß man dann an Hand dieses Materials für jeden Fall die Kurven annâhernd annehmen dürfte. Das in der Literatur vorhandene Material reicht leider nicht aus, noch weitere Kurven aufzustellen. Will man aber die „Maxwellsche Formel" für die Vorausberechnung eines Zugmagneten verwenden, so geben die in diesem Kapitel abgeleiteten Kurven einige Anhaltspunkte für die nötigen Korrekturen.

VII. Schluß.

Die Ergebnisse der vorliegenden Arbeit lassen sich in folgenden Sätzen zusammenfassen:

1. Es wurde nochmals bestätigt, daß die bekannte „Maxwellsche Zugkraftformel"

$$Z = \frac{\mathfrak{B}^2 F}{8 \pi} \text{ Dynen}$$

selbst bei einem Zugmagneten von einfachsten geometrischen Formen zur Berechnung der Zugkraft nicht geeignet ist. Sie gibt fast in jedem Falle zu kleine Kräfte.

2. Es wurde nachgewiesen, daß die ungleichmäßige Verteilung der Induktion auf der Polfläche des Kernes nur von geringem Einflusse auf das Resultat ist, das die „Maxwellsche Formel" gibt. Die Nicht-Berücksichtigung dieser Verteilung kann die großen Abweichungen zwischen Rechnung und Messung nicht erklären.

3. Es wurde untersucht, wann eigentlich die „Maxwellsche Formel" gültig ist.

Als notwendige Bedingung für ihre Gültigkeit wurde das Bestehen der folgenden Gleichung ermittelt:

$$4 \pi N i = \frac{N}{F_0} \int_0^x \frac{\Phi_0}{\left(\frac{\partial \Psi}{\partial \Phi_0}\right)_x} dx + f(\Psi).$$

Um dieser Gleichung einen physikalischen Sinn zu geben, müssen irgendwelche Beziehungen zwischen x (dem Hube), Φ_0 (dem Kraftflusse durch die Polfläche) und Ψ (der Kraftflußwindungszahl) angenommen werden. Für jede solche Beziehung

$$f(\Phi_0, \Psi, x) = 0$$

erhält man dann als Lösung der Gleichung eine Funktion

$$f_1(\Phi_0, i, x) = 0,$$

d. h. eine Beziehung zwischen Kraftfluß, Strom und Hub. So bekommt man Paare von zusammengehörigen Bedingungen, bei deren gleichzeitigem Zutreffen die „Maxwellsche Formel" gilt. Als Beispiel wurde ermittelt: wenn

$$a) \quad \Psi = N(1 + \tau)\Phi_0 \text{ und } \frac{\partial \tau}{\partial i} = 0$$

und

$$b) \quad 4 \pi N i = \frac{\Phi_0}{F_0}(1 + \tau) \int_0^x \frac{dx}{(1 + \tau)^2} + f[\Phi_0(1 + \tau)],$$

so gilt die Maxwellsche Formel.

Mit solchen Resultaten kann man praktisch nichts anfangen. Setzt man aber jetzt noch voraus, daß keine Streuung vorhanden ist, d. h. $\tau = 0$, so wird aus

$$\text{a)} \quad \Psi = N \cdot \Phi_0$$

und

$$\text{b)} \quad 4\,\pi\,N\,i = \frac{\Phi_0}{F_0}\,x + f\,(\Phi_0)$$

und diese Gleichungen sind erfüllt, wenn:

  1. die Streuung $= 0$ ist,
  2. der Kraftfluß geradlinig ohne Ausbreitung durch den Luftspalt tritt.

Diese beiden Bedingungen sind also ausreichend, aber nicht im vollen Umfange notwendig.

4. Es wurde gezeigt, wie unter Voraussetzung dieser beiden Bedingungen — und einer dritten:

$$3. \quad \mathfrak{w}_e << \mathfrak{w}_l,$$

die aber eigentlich mit 1. identisch ist — die „Maxwellsche Formel" aus den allgemein gültigen Energiebeziehungen am Magneten abgeleitet werden kann.

5. Es scheint nicht möglich zu sein, eine allgemein gültige, praktisch verwertbare analytische Formel für die Zugkraft abzuleiten.

6. Die genaue graphische Berechnung der Zugkraft ist theoretisch möglich nach der von Emde angegebenen Methode. Die Schwierigkeiten, die der Anwendung in der Praxis gegenüberstehen, hat schon Euler betont; es werden dazu Kraftlinienbilder gebraucht, deren genügend genaue Aufzeichnung nur unter ganz besonderen Umständen möglich ist.

7. Für die Berechnung der Zugkraft braucht man entweder die Kraftlinienbilder für zwei benachbarte Lagen oder das Kraftlinienbild für eine Lage mit dem Gesetze, nach dem sich das Kraftlinienbild ändert. Die Zugkraft läßt sich also im letzten Grunde nicht aus einem einzelnen, wenn auch noch so genau ermittelten Kraftlinienbilde eindeutig entnehmen. Erst die Änderung des Kraftlinienbildes mit dem Hube bestimmt die Zugkraft. Die Formeln, die scheinbar nur einen eindeutig bestimmten Kraftlinienverlauf voraussetzen (wie z. B. die „Maxwellsche"), enthalten in sich schon Voraussetzungen über die Änderung des Verlaufes.

8. Da eine genaue Berechnung der Zugkraft nicht möglich ist, wird vorgeschlagen, die „Maxwellsche Formel" weiter zu verwenden unter Hinzufügen eines Korrekturgliedes, das den „Fehler der Maxwellschen Formel" ausgleicht. Dieses Korrekturglied A wurde für den Versuchsmagneten abgeleitet und seine Abhängigkeit von den verschiedenen veränderlichen Faktoren, wie Stromdichte, Hub und Polwinkel, bestimmt und in Kurven festgelegt.

Es ist anzunehmen, daß der Verlauf der A-Kurven der gleiche ist für Magneten, deren Querschnitt ähnlich dem des Versuchsmagneten ist.

9. Es wird vorgeschlagen, die Berechnung eines Zugmagneten in zwei Teilen vorzunehmen:

  a) Bestimmung der mittleren Induktion $\mathfrak{B}_0$ auf der Polfläche;
  b) Berechnung der Zugkraft Z.

Für die Rechnung unter a) konnte aus den Messungen am Versuchsmagneten ein Korrekturfaktor $\varkappa$ abgeleitet werden, der die gesamte Streuung berücksichtigt.

Für die Rechnung unter b) wird dann die „Maxwellsche Formel" mit dem Korrekturfaktor A verwandt.

Anhang.

Auf S. 48 ist als Bedingung für die Gültigkeit der „Maxwellschen Formel' die Gleichung (25) abgeleitet worden. Es läßt sich nun auch der umgekehrte Beweis führen daß, wenn diese Gleichung (25) sowie ferner die Gleichungen (20), (22) und (24), die bei der Ableitung von (25) benutzt wurden, erfüllt sind, daß dann wirklich, und zwar ausschließlich, die „Maxwellsche Formel" gilt[1]).

Vorausgesetzt ist also:

$$\Psi = N \cdot \Phi_0 (\mathrm{I} + \tau) \quad \dots \dots \dots \dots \quad 20$$

$$\frac{\partial \tau}{\partial i} = 0 \quad \dots \dots \dots \dots \dots \dots \quad 22)$$

$$s = (\mathrm{I} + \tau) \int_0^x \frac{dx}{(\mathrm{I} + \tau)^2} \quad \dots \dots \dots \dots \quad 24)$$

$$4\,\pi\,N\,i = \frac{\Phi_0}{F_0}\,s + f[\Phi_0\,(\mathrm{I} + \tau)] \quad \dots \dots \dots \quad 25)$$

Es muß erst U und darauf $\dfrac{\partial U}{\partial x}$ gebildet werden. Wir setzen

$$\Phi_0\,(\mathrm{I} + \tau) = y \quad \dots \dots \dots \dots \dots \quad 30)$$

Dann wird $\Psi = N\,y$ und

$$4\,\pi\,N\,i = \frac{y}{F_0} \cdot \frac{s}{\mathrm{I} + \tau} + f(y) \quad \dots \dots \dots \quad 31)$$

Berücksichtigt man, daß

$$\frac{d}{dx}\left(\frac{s}{\mathrm{I} + \tau}\right) = \frac{\mathrm{I}}{(\mathrm{I} + \tau)^2} \quad \dots \dots \dots \dots \quad 32)$$

ist, so folgt aus (31) durch Differentiieren

$$4\,\pi\,N\,di = \left[\frac{\mathrm{I}}{F_0} \cdot \frac{s}{\mathrm{I} + \tau} + f'(y)\right] dy + \frac{y}{F_0\,(\mathrm{I} + \tau)^2}\,dx \quad \dots \dots \quad 33)$$

und speziell

für $x = \text{const}$: $\quad 4\,\pi\,N\,di = \left[\dfrac{\mathrm{I}}{F_0} \cdot \dfrac{s}{\mathrm{I} + \tau} + f'(y)\right] dy \quad \dots \dots \dots \dots \quad$ 33 a)

und

für $i = \text{const}$: $\quad 0 = \left[\dfrac{\mathrm{I}}{F_0} \cdot \dfrac{s}{\mathrm{I} + \tau} + f'(y)\right] dy + \dfrac{y}{F_0\,(\mathrm{I} + \tau)^2}\,dx \quad \dots \dots$ 33 b)

Bei der jetzt folgenden Berechnung von U ist x als konstant zu betrachten. Es ist

$$U = \int_0^i \Psi\,di = N \int_0^i y\,di$$

und nach (33a)

$$4\,\pi\,U = \int_0^y \left[\frac{y}{F_0} \cdot \frac{s}{\mathrm{I} + \tau} + y\,f'(y)\right] dy$$

$$= \frac{y^2}{2\,F_0} \cdot \frac{s}{\mathrm{I} + \tau} + \int_0^y y\,f'(y)\,dy.$$

---

[1]) Diesen Beweis verdanke ich der Freundlichkeit von Herrn Prof. Emde, auf dessen Anregung hin ich ihn an dieser Stelle wiedergebe.

Es ist aber

$$\int\limits_0^y y\,f'(y)\,dy = \int\limits_0^f y\,df(y) = y\,f(y) - \int\limits_0^f f(y)\,dy,$$

also

$$4\,\pi\,U = \frac{y^2}{2\,F_0}\cdot\frac{s}{1+\tau} + y\,f(y) - \int\limits_0^y f(y)\,dy$$

oder nach (31)

$$4\,\pi\,U = \frac{y}{2}[4\,\pi\,N\,i - f(y)] + y\,f(y) - \int\limits_0^y f(y)\,dy$$

$$= 2\,\pi\,N\,i\,y + \frac{y}{2}\cdot f(y) - \int\limits_0^y f(y)\,dy \quad\cdots\cdots\quad 34)$$

Um $\dfrac{\partial U}{\partial x}$ zu erhalten, bilde man zunächst $\dfrac{\partial U}{\partial y}$. Jetzt ist nicht mehr x, sondern i als konstant zu behandeln. Aus (34) folgt:

$$4\,\pi\,\frac{\partial U}{\partial y} = 2\,\pi\,N\,i + \frac{1}{2}\,f(y) + \frac{1}{2}\,y\,f'(y) - f(y)$$

$$= \frac{1}{2}[4\,\pi\,N\,i - f(y)] + \frac{1}{2}\,y\,f'(y)$$

oder nach (31)

$$8\,\pi\,\frac{\partial U}{\partial y} = \frac{y}{F_0}\cdot\frac{s}{1+\tau} + y\,f'(y)$$

$$= y\left[\frac{1}{F_0}\cdot\frac{s}{1+\tau} + f'(y)\right]$$

oder nach (33b)

$$8\,\pi\,\frac{\partial U}{\partial y} = y\left[-\frac{y}{F_0\,(1+\tau)^2}\cdot\frac{dx}{dy}\right]$$

$$= -\frac{\Phi_0{}^2}{F_0}\cdot\frac{dx}{dy}$$

somit die Zugkraft (vgl. Formel (5), S. 44)

$$Z = \frac{\partial U}{\partial x} = \frac{\partial U}{\partial y}\cdot\frac{\partial y}{\partial x}$$

$$= -\frac{\Phi_0{}^2}{8\,\pi\,F_0},$$

und das ist die „Maxwellsche Formel".

Literaturverzeichnis.

1. Cohn, Das Elektromagnetische Feld. Leipzig 1900.
2. du Bois, Magnetische Kreise. Berlin 1894.
3. S. P. Thompson, Der Elektromagnet. Halle 1894.
4. Underhill, Solenoids, Electromagnets and Electromagnetic Windings. London 1910.
5. Hilpert, Einfache graphische Ermittlung von Massenwirkungen der Elektrotechnik nach Analogie mit solchen in der Mechanik. Dissert., München 1905.
6. Euler, Untersuchung eines Zugmagneten für Gleichstrom. Springer, Berlin 1911, und EKB. 1911, S. 701.
7. Hellmann, Der magnetische Widerstand von Lufträumen zwischen parallelen, quadratischen und rechteckigen Endflächen von Eisenkernen. Dissert., Aachen 1910.
8. Steil, Untersuchungen über Solenoide und über ihre praktische Verwendbarkeit für Straßenbahnbremsen. Dissert., Berlin 1911.

9. Emde, Zur Berechnung der Elektromagnete. E. u. M. 1906, S. 945.
10. Emde, Die mechanischen Kräfte magnetischen Ursprungs. EKB. 1910, S. 550.
11. Emde, Über die Beziehung der mechanischen Arbeit von Elektromagneten zu ihrer Energie bei veränderlicher Permeabilität. ETZ. 1908, S. 817.
12. Emde, Besprechung des Buches von Euler (Nr. 6). ETZ. 1911, S. 1269.
13. Jasse, Über Elektromagnete I. E. u. M. 1910, H. 40.
14. Liska, Zur Berechnung von Wechselstrom-Hubmagneten. ETZ. 1910, S. 985.
15. Wikander, The economical design of direct current Electromagnets. Proc. of the Am. Inst. of El. Ing. 1911, S. 1045.
16. Pfiffner, Die Berechnung von Lasthebemagneten. ETZ. 1912, S. 29.
17. Schiemann, Die mechanische Arbeitsleistung von Hubmagneten nach dem Gesetz von der Erhaltung der Energie. Z. f. E., Wien 1905, S. 483.
18. Benecke, Über den Einfluß der Polform von Magneten auf die Zugkraft derselben. ETZ. 1901 S. 542.
19. Vogelsang, Über Bremselektromagnete für Gleichstrom. ETZ. 1901, S. 175.
20. Jones, Über magnetische Tragkraft. ETZ. 1895, S. 411, und Wied. Ann. 1895, S. 641; ETZ. 1896, S. 154, und Wied. Ann 1896, S. 258.
21. Diesselhorst, Über ballistische Galvanometer mit beweglichen Spulen. Ann. d. Phys. 1902, Bd. 9, S. 458 und 712.
22. Gumlich, Über die Messung hoher Induktionen. ETZ. 1909, S. 1065.

23. Winkelmann, Handbuch der Physik. 2. Aufl., Bd. V., Leipzig 1908.
24. Müller - Pouillet, Lehrbuch der Physik IV. 1. Magnetismus und Elektrizität v. W. Kaufmann. Braunschweig 1909.
25. Kohlrausch, Praktische Physik, 11. Aufl. Leipig 1910.
26. Ferraris, Wissenschaftliche Grundlagen der Elektrotechnik. Leipzig 1901.
27. Abraham - Föppl, Theorie der Elektrizität, 1907.
28. Brion, Leitfaden z. elektrotechnischen Praktikum, Leipzig 1910.
29. Niethammer, Elektrische Schaltanlagen und Apparate. Stuttgart 1905.

Verzeichnis der verwendeten Buchstaben.

A = Abstand der Skala vom Spiegel des ballistischen Galvanometers.

$A = \dfrac{Z_g - Z_M}{i}$ = Korrekturfaktor für die „Maxwellsche Formel".

$A_e = \int E\,i\,dt$ = gesamte dem Magneten zugeführte elektrische Arbeit.

A_m = vom Magneten verrichtete mechanische Arbeit.

$A_r = A_e - \int Q_w\,dt$ = dem Magneten zugeführte, nicht in Joulesche Wärme umgesetzte Arbeit.

$\mathfrak{B}$ = Induktion.

$\mathfrak{B}_i = \dfrac{\varPhi_i}{F_o}$ = ideelle mittlere Induktion auf der Polfläche des Ankers.

$\mathfrak{B}_m$ = mittlere Induktion.

$\mathfrak{B}_o$ = mittlere Induktion auf F_o.

C = ballistische Konstante des ballistischen Galvanometers.

$D = Z_g - Z_M$ = Differenz zwischen gemessener und errechneter Zugkraft.

d = Korrektur-Faktor für die Berechnung von Z_M.

$\left.\begin{array}{l}E = \\ e = \end{array}\right\}$ Spannung. elektromotorische Kraft.

F = Fläche, Fläche eines Prüfspulenkörpers.

$\left.\begin{array}{l}F' = \\ F_w = \end{array}\right\}$ korrigierte Flächen der Prüfspulenkörper.

F_o = Polfläche des beweglichen Kernes.

i = Stromstärke.

J = Stromdichte.

$\mathfrak{K}$ = Kraft.

$\mathfrak{k}$ = Kraft auf die Volumeneinheit.

L = Selbstinduktions-Koeffizient.

N = gesamte Windungszahl der Magnetisierungsspule.

n = Windungszahl.

n_2 = Windungszahl einer Prüfspule.

$\mathfrak{p}$ = Kraft auf die Flächeneinheit, Spannungstensor.

Q = Elektrizitätsmenge.

Q_w = Wärmemenge.

r = Korrektur-Faktor für die Berechnung von Z_M.

S = Fensterquerschnitt des Magneten.

S' = Teil des Fensterquerschnittes S.

$\left.\begin{array}{l}T = \\ t = \end{array}\right\}$ Zeit.

T_o = Ungedämpfte Schwingungsdauer des ballistischen Galvanometers.

$U = \int \varPsi\,di = i\,\varPsi - W$ (= ferromagnetische Stammfunktion nach Emde).

$u = 4\,\pi\,F\,i$.

W = magnetische Energie.

$\left.\begin{array}{l}W_I = \\ W_{II} = \end{array}\right\}$ im Magneten bei den Stellungen I und II aufgespeicherte magnetische Energie.

$\mathfrak{w}_e$ = magnetischer Widerstand im Eisen.

w_g = Widerstand im Galvanometerkreis des ballistischen Galvanometers.

$\mathfrak{w}_l$ = magnetischer Widerstand in Luft.

$\mathfrak{w}_m$ = magnetischer Widerstand.

w_{sp} = Widerstand einer Prüfspule.

x = Hublänge, Luftspalt.

Z = Zugkraft.

z = Teilzugkraft auf die Fläche einer Prüfspule.

Z_g = gemessene Zugkraft.

Z_M = nach der „Maxwellschen Formel" errechnete Zugkraft.

Z_{sg} = gemessene Zugkraft des Magneten ohne Gegenpol.

Z_{sM} = nach der „Maxwellschen Formel" errechnete Zugkraft des Magneten ohne Gegenpol.

Z_{str} = Zugkraft des Streuflusses Φ_{str}.

α = Temperatur-Koeffizient.

α_e = erster Ausschlag des ballistischen Galvanometers.

α_1, α_2, α_m, α_{mk}, α_{mr} = Ausschläge des ballistischen Galvanometers.

$\varkappa = \dfrac{\Phi_i}{\Phi_o} = \dfrac{\mathfrak{B}_i}{\mathfrak{B}_o}$ = Korrektur-Faktor.

μ = Permeabilität.

τ = Zeit des Ein- bzw. Ausschaltvorganges bei der Messung mit ballistischem Galvanometer.

τ = ideeller Streufaktor.

Φ = Kraftfluß.

Φ' = Kraftfluß in den Stehbolzen des Magneten.

Φ_i = ideeller Kraftfluß, der ohne Streuung den ganzen magnetischen Kreis durchläuft.

Φ_m = ideeller mittlerer Kraftfluß.

Φ_o = gesamter, die Polfläche des Kernes durchsetzender Kraftfluß.

Φ_t = Gesamtkraftfluß, d. h. größter, innerhalb der Magnetisierungsspule in einem Querschnitte vorhandener Kraftfluß.

Φ_{str} = Streufluß.

Φ_ν = Teilkraftfluß.

$\left.\begin{array}{l}\varphi_\nu = \\ \varphi_m = \end{array}\right\}$ ideeller Streufluß.

Ψ = Kraftflußwindungszahl.

Verzeichnis der Zahlentafeln.